»Am Beispiel von automatisierten Webinaren möchte ich hier verdeutlichen, mit welchen Werkzeugen sich jeder Verkäufer Freiräume erkämpfen kann – zeitliche und finanzielle.«

Rainer von Massenbach

VERKAUFS

DIGITALISIERUNG

So multiplizierst Du Deine Verkaufskraft
im digitalen Zeitalter
und gewinnst automatisiert viele Neukunden

Bibliografische Information der Deutschen Nationalbibliothek:
Die Deutsche Nationalbibliothek verzeichnet diese Publikation in der
Deutschen Nationalbibliografie; detaillierte bibliografische Daten
sind im Internet abrufbar über
http://dnb.d-nb.de

ISBN 978-3-941412-88-0

Impressum
Verlag:
REKRU-TIER GmbH, München
Satz: Bernhard Edlmann Verlagsdienstleistungen, Raubling

Inhalt

Vorwort

Fangt die Diebe!

Gesucht werden folgende Personen: ein Pärchen, Frau und Mann, beide in den Vierzigern.

Wenn Du ein Dienstleister bist, mit Leib und Seele, ein Händler, ein Produktverkäufer, dann hast Du garantiert schon mit ihnen Bekanntschaft gemacht. Sie bestehlen Dich mit einem freundlichen Lächeln. Dabei hat das Pärchen eine ganz raffinierte Masche. Es verwickelt Dich ins Gespräch, möchte viel von Dir wissen: Wie funktioniert dieses Notebook? Woher kommt dieser Wein? Welche Edelsteine passen zu welchem Frauentyp? Und so weiter. Die Liste der Fragen ist unermesslich lang.

Und Du antwortest ihnen, Du gibst alles. Denn dieser adrett gekleidete Herr und seine charmante Begleitung scheinen ein guter Fang zu werden. Nicht mehr lange, und sie sind Deine Kunden.

Mehr noch, sie werden Dir eine ganze Menge abkaufen. Du rechnest schon die angestrebte Einkaufssumme zusammen und reibst Dir freudig die Hände.

Und dann plötzlich passiert etwas Unerwartetes. Die beiden bedanken sich für Deinen Service, verabschieden sich, lächeln Dir noch freundlich zu und verlassen schnellen Fußes den Laden. Hey, wo wollen die denn hin? Die Kasse ist doch da vorne.
Nichts für ungut.

Als Du auf Deine Uhr schaust, bemerkst Du, dass Dir eben eine Stunde gestohlen wurde. Du ahnst, dass Du die beiden nie wiedersehen wirst. Du hast Dein Wissen mit ihnen geteilt und ihnen unfreiwillig Deine wertvollen Informationen geschenkt. Diese nutzen sie nun, um die Produkte der Begierde im Internet zu bestellen. Im Internet ist schließlich alles viel billiger und besser.
Und Du? Du bleibst als Opfer der Zeiträuber in Deinem Laden zurück – mit Kunden und anderen Zeiträubern.

Wie kann man sich dagegen bloß verteidigen, fragst Du Dich, mein Freund.
Willst Du künftig alle Interessenten bitten, Dir ihre Kaufabsicht zu garantieren? Am besten schriftlich? Willst Du Dir ihr Geld zeigen lassen? Wohl eher nicht.

Es geht auch eleganter. Es gibt perfekte Lösungen für dieses Problem. Ganz gleich, ob Du im stationären Einzelhandel tätig bist, ob Du Deine Produkte und Dienstleistungen telefonisch erklärst und verkaufst oder ob Du Dir bereits ein Internetbusiness aufgebaut hast und dieses professionalisieren möchtest. Wir sprechen über mein Lieblingsthema – die Verkaufsdigitalisierung.

Betrachtet man dieses Wunderwerk, das ich Dir im Laufe des Buches präsentieren werde, genauer, dann bemerkt man, dass es in der heutigen Zeit, beim aktuellen Stand der Technik, ein absoluter Kardinalfehler wäre, Neuerungen zu ignorieren und sich stattdessen weiter erbarmungslos ausrauben zu lassen.

Und hier ist auch der perfekte Platz für einen Ausspruch, der Albert Einstein zugeschrieben wird: »Die Definition von Wahnsinn ist, immer das Gleiche zu tun und andere Ergebnisse zu erwarten.«

Ich habe in den vergangenen Jahren die Zeit-Piraterie studiert. Zeitdiebstahl ist nicht strafbar, und das obwohl Zeit die wertvollste Ressource des menschlichen Lebens darstellt. Für mich als großen Fan von Effizienz und Effektivität ein absolutes Unding. Denn wurde erst einmal Zeit entwendet, ist sie für den Besitzer unwiederbringlich verloren.

Du kannst die Zeiträuber selten identifizieren. Sie, die auch gleichzeitig Deine Energie abzapfen, sind in Scharen unterwegs.

Bau Dir Deinen Schutzschild. Entwickle Gegenmittel.

Und das geht so: Biete den Zeiträubern mehr, als sie je zu träumen wagten. Zeig ihnen, was es bedeutet, ein guter Anbieter zu sein, und lad sie ins Schlaraffenland des Wissens ein. Dreh den Spieß um und starte den Motor der Verkaufsdigitalisierung.

Lern auf den nächsten Seiten kennen, was sich genau hinter diesem Begriff verbirgt und welche Chancen sich durch den gekonnten Einsatz fortschrittlicher Automatisierung im Sales-Bereich bieten.

Mit vielfältigen Beispielen aus langjähriger Beschäftigung mit diesem Thema und Einblicken in die spannenden Details zeige ich Dir echte Lösungen auf.

Während in den ersten Feldversuchen Drohnen und Roboter autark Waren ausliefern, uns schon heute Autos ohne Fahrer ans Ziel bringen können und mittlerweile Maschinen miteinander kommunizieren und somit schwierige logistische Prozesse deutlich erleichtert werden, sollte der Moment gekommen sein, in dem wirklich jeder auch das Thema Verkaufsdigitalisierung auf dem Radar hat.

Denn wer effizienter arbeitet, hat mehr Zeit für sich, seine Familie, für Freunde und für alles, was ihm oder ihr wichtig ist. Geben wir uns Schubkraft und machen wir uns auf in die Zukunft.

Dein Rainer von Massenbach

Revolution statt Evolution

Zeitdiebstahl im Verkaufsraum – Schnee von gestern?

Zeiträuber sehen unterschiedlich aus. Sie tragen blaue Hosen und grüne Röcke, dunkle Stiefel und helle Schuhe, Ohrringe und Halstücher. Sie sind blond oder brünett, grau-, rot- oder schwarzhaarig.
Zeiträuber sind ständig auf der Suche. Mit einem unstillbaren Wissensdurst absorbieren sie die Informationen über Produkte und Dienstleistungen und vernichten die Zeit derer, die ihnen zum Wissensvorsprung verhelfen. Aber es gibt auch Zeiträuber auf der anderen Seite der Verkaufstheke.

Zahlreiche Verkäufer kümmern sich um Unwesentliches – um Dinge, die den Kunden nicht unbedingt weiterhelfen. Die Gründe dafür sind vielfältig: mangelndes Wissen, fehlende Motivation durch geringe Bezahlung, unzureichendes Einfühlungsvermögen in die Bedürfnisse des potenziellen Käufers. Wenn ein Kunde eine Frage stellt und der Verkäufer unfähig ist, sie richtig zu beantworten, dann kann auch hier eine Menge Zeit verloren gehen.

Manch einer, der als junger Verkäufer, zu Beginn seiner Karriere, noch vor Elan sprühte, Kunden auf kreative Art und

Weise begeisterte, indem er Geschichten mit flammendem Esprit vermittelte, ist mit der Zeit erkaltet. Seine Gesprächsqualität hat an Tiefgang verloren.

Dafür gibt es eine ganz einfache Erklärung. Menschen neigen dazu, Prozesse zu optimieren, radikal abzukürzen. Das ist nicht nur in der Wirtschaft der Fall. Je häufiger wir die gleiche Story erzählen (müssen), desto mehr wird weggelassen. Und selbst wenn sich die Rhetorik im Verkaufsraum möglicherweise sogar verbessert, leiden Substanz und Tiefgang beim Wissenstransfer. Die Form – also die Art und Weise der Präsentation – ersetzt nicht selten den Inhalt.

Referenten kennen das Phänomen: Ein Thema, das hundertmal vorgetragen wurde, gleicht am Ende vielleicht noch zu 10 Prozent der Ursprungsversion. Die Informationen werden so dramatisch verdichtet, dass der Nutzen des Zuhörers auf der Strecke bleibt. Nicht immer. Aber auch nicht selten. Das wird dann problematisch, wenn der Zuhörer als potenzieller Kunde im Laden steht und sich für Deine Produkte interessiert.

Immer dann, wenn erhöhter Erklärungsbedarf besteht, lässt die Monotonie nicht lange auf sich warten. Und für diese wiederkehrenden Kommunikationsprozesse hält die Digitalisierung wahre Geschenke für Anbieter und Abnehmer

Es ist an der Zeit,
die eigenen Möglichkeiten
auf den **Prüfstand**
zu stellen,
sich und das eigene Business
aus der **Komfortzone**
zu **katapultieren!**

bereit: beispielsweise Webinare. Inhalte, die einmal generiert wurden, lassen sich perfekt inszeniert immer wieder zur Verfügung stellen und vom Nutzer abrufen.

Optimierung hält in allen möglichen Branchen Einzug – auch oder gerade in Fast-Food-Restaurants. Konnten sich früher die Gäste Strohhalme und Servietten selbst nehmen, so ist es heute zur Regel geworden, dass sie ihnen bei jeder Bestellung der Verkäufer aufs Tablett legt. So sparen die Unternehmen Verbrauchsmaterialien.

Beim Thema Kommunikation lässt sich das gleiche Prinzip anwenden. Man spart Zeit, indem man Inhalte digitalisiert und automatisiert. Eine echte Revolution für Effizienzsteigerung im unternehmerischen Umfeld.

Wenn man die Sache näher betrachtet, ist es eigentlich überraschend, dass ähnliche Fortschritte, wie sie beispielsweise in Sachen Mobilität allmählich selbstverständlich werden, bei der professionellen Kommunikation noch in den Kinderschuhen stecken und für viele Unternehmen noch ein Buch mit sieben Siegeln sind.

Schauen wir uns die menschliche Fortbewegung an. Ganz am Anfang bewegten sich unsere Vorfahren zu Fuß, später zu Pferd und mittlerweile per Auto und Flugzeug. Dabei lässt sich immer wieder ein bestimmtes Muster feststellen: Am Anfang wird entwickelt und mit purer Verschwendung gearbeitet – es geht erst einmal darum, dass das, was man anstrebt, überhaupt funktioniert. Später richtet sich der Blick aufs Sparen – Sparen von Ressourcen aller Art: Material, Energie, Zeit. Früher kosteten Raketenstarts 300 Millionen Euro. Trägerraketen trieben ihre Nutzlast ins All und stürzten dann ins Meer oder verglühten in der Atmosphäre. Mittlerweile entwickeln immer mehr Unternehmen Raketen, die zur Erde zurückkehren und wiederverwendbar sind.

Das Ei des Kolumbus im 21. Jahrhundert hat aber nichts mit Raumfahrt zu tun. Es sieht aus meiner Sicht ganz anders aus: Die Digitalisierung der Kommunikation bietet die Möglichkeit, Inhalte mit Herzblut zu produzieren, sie dauerhaft im Netz zu konservieren und dadurch die Kundenbeziehung zu intensivieren. Wie sich dabei die Webinare in Verkaufsprozesse einfügen lassen, welche besonderen Webinar-Arten es gibt und welche Branchen sich besonders gut für diese zeitgemäße Art der Wissensvermittlung eignen, erfährst Du im weiteren Verlauf.

Nun begeben wir uns erst einmal an einen Ort, den viele Menschen immer häufiger meiden: in die Einkaufsstraße einer mittelgroßen Stadt, die Dir wahrscheinlich bekannt ist. Hier reiht sich Leerstand an Leerstand. Der städtische Citymanager, zuständig für die Wirtschaftsförderung, steht stark unter Druck, da die Besucherfrequenz sich stetig verringert. Er muss hilflos dabei zusehen, wie sich die attraktiven Anbieter und großen Marken zurückziehen und in Shopping-Malls am Stadtrand ansiedeln. Mit ihnen gehen auch die Kleinen, die sich nicht mehr halten können.

Wir stehen in dieser besagten Einkaufsstraße – vor einem Reisebüro. (Auch der Gemischtwarenladen nebenan hat vor wenigen Tagen dichtgemacht. Er musste aufgeben, da die Konkurrenz im Internet zu stark wurde.)

Eine Frau betritt das Reisebüro. Der freundliche Berater steht auf, begrüßt sie, nimmt ihr die Jacke ab, bietet ihr einen Platz und ein Getränk an. Wir schauen als stille Beobachter durchs Fenster und sehen, wie der Reiseagent seine Arbeit macht – er macht sie wirklich gut.
Die Frau scheint sich nicht zu langweilen. Es werden jede Menge Kataloge durchgeblättert. Mit lebhafter Mimik und Gestik zeigt der Reiseagent seine Affinität zu den unterschiedlichen Destinationen. Er läuft wahrlich zur Höchstform auf.
Und dann, nach einer etwa einstündigen Beratung, setzt er zum Abschluss an. Er schiebt der Frau den Vertrag und einen Stift über

den Tisch. Und sie? Sie zögert. Sie zögert und lächelt verlegen, schiebt den Zettel und den Stift wieder zurück, nickt freundlich und scheint ihren Berater vertrösten zu wollen. Dann verabschiedet sie sich, nimmt ihre Jacke entgegen, greift nach ihrer Tasche und verlässt den Laden.

Als sie vor die Tür tritt, schaut sie voller Vorfreude in den blauen Himmel, wo gerade ein Flugzeug seinen Kondensstreifen zieht, setzt dann ihre Sonnenbrille auf und stöckelt davon. Der Reiseagent sieht ihr verständnislos hinterher.

Die Frau wird fliegen. Sie wird jenes Hotel buchen, das ihr der Berater empfohlen hat.

Und der Berater? Der geht leer aus.

Was lernen wir aus diesem ganz konkreten Fall?

Die Frau interessierte sich für eine Reise auf die Malediven. Ihr standen – so wie nahezu jedem anderen Menschen auch – vor der Kaufentscheidung die schier unerschöpflichen Informationsquellen des Internets zur freien Verfügung. Es gibt Bewertungsportale und -funktionen, Tutorials und Blogs, eine unendliche Zahl von Meinungsäußerungen und redaktionelle Inspirationen. Und doch haben Fachhändler und Premiumanbieter immer Zugang zu den besten Informationen. Das macht diese »Wissenden« zur beliebten Anlaufstelle, aber gleichzeitig auch besonders angreifbar für Zeitdiebstahl.

Die vermeintliche Kundin nutzte den Service schamlos aus, um die wesentlichen Informationen abzugreifen. Über Preissuchmaschinen recherchiert sie nun das billigste Angebot, und der Anbieter in der Innenstadt hat das Nachsehen. So wie ihm ergeht es vielen lokalen Geschäften, die den Anschluss an die Online-Welt verpasst haben.

Die Kategorie Kunde, die für den schleichenden Tod der Innenstädte verantwortlich ist, wird Preis-Shopper genannt. Diese Menschen haben immer die günstigsten Konditionen im Visier, bei höchsten Qualitätsansprüchen. Sie sind durch die Discounter sozialisiert, um nicht zu sagen: völlig verzogen. In Zeiten, in denen man beim Elektronik-Anbieter Speichermedien zu Angebotspreisen erwerben kann, für die es nebenan beim Bäcker nicht einmal ein belegtes Brötchen gibt, muss sich niemand wundern, dass die Umerziehung Auswirkungen auf den gesamten Handel hat. Die Kundenloyalität sinkt ins Bodenlose und ist faktisch nicht mehr vorhanden. Oder?

Nun, es gibt auch noch die Qualitäts-Shopper. Diejenigen, die bereit sind, für Qualität und vor allem auch für Service zu bezahlen. Allerdings ist diese Kategorie Kunde dünn gesät. Das sind die Menschen, die wissen, dass, wer billig kauft, am Ende teuer bezahlt, und für die der Dienstleister auch

Mensch bleibt. Qualitäts-Shopper sind selten geworden. Bei ihnen bekommt der Beste den Zuschlag, nicht unbedingt der Billigste. Für sie spielt der Preis eine eher untergeordnete Rolle. Geschäftsbeziehungen mit ihnen sind lukrativ und absolut erstrebenswert. Auch für Reisebüros.

Qualitäts-Shopper müssen natürlich auch von der Qualität überzeugt werden. Sie interessieren sich für Einzelheiten, wollen wissen, was sie in der schönsten Zeit des Jahres erwartet. Auf ihre Bedürfnisse, Wünsche, aber auch ihre Vorbehalte muss der Verkäufer individuell eingehen.

Preis-Shopper, die sich augenscheinlich gern für Qualitäts-Shopper ausgeben, machen dem Anbieter das Leben schwer. Und genau dieses Problem lässt sich in der heutigen Zeit mit Webinaren lösen.

Bleiben wir beim Beispiel der Malediven-Reise. Wer in diese Kultur abtauchen will, hat unzählige Fragen: Welches Hotel ist das beste? Gibt es Orte, die man besser meiden sollte? Welche Flugverbindungen machen Sinn? Welche Sehenswürdigkeiten sollte der Tourist auf keinen Fall verpassen? Und so weiter, und so fort.
Nun stell Dir vor, Du bist Reiseanbieter. Dann wirst Du diese Informationen jedem Kunden aufs Neue schmackhaft

machen, denn das ist Dein Job. Ein Interessent nach dem anderen erfährt, wo, wie und wann er die schönsten Erlebnisse einsammeln kann.

Aber es ginge doch auch anders: Du nimmst Dir Zeit und bereitest Deine Insider-Infos nach Art einer Diashow auf. Das, was Du vorher jedem erzählt hast, sprichst Du ein letztes Mal ins Mikro Deines Handys und machst aus der Tonspur und tollen Bildern einen knackigen Schulungsfilm zur angesagtesten Destination des Sommers.
Nun könntest Du diesen Film auf einem Videoportal hochladen und hoffen, dass er gefunden und von Interessenten angeschaut wird. Oder aber Du machst es noch schlauer: Du gestaltest hochwertige Einladungskarten für Dein kostenloses Online-Reiseseminar und verteilst sie an diejenigen, die sich ohnehin für die Malediven interessieren, und vielleicht auch an diejenigen, die noch gar nicht wissen, wohin es im kommenden Sommer (oder Winter) gehen soll. Der Titel »Der unvergesslichste Urlaub Deines Lebens« macht neugierig auf die Insights und Geheimnisse der Reise, die sich den Teilnehmern der Schulung offenbaren.

Im »virtuellen Klassenzimmer« bzw. »virtuellen Schulungsraum« erfährt der Wissensdurstige alle Antworten auf seine Fragen – er braucht nicht zu Dir zu kommen, muss sich allerdings an die von Dir vorgegebene Zeit halten. Denn so ganz ohne Verbindlichkeit geht es nicht.

Mit den Inhalten, die über eine halbe, eine dreiviertel oder eine ganze Stunde präsentiert werden, reift der Wunsch des Konsumenten, die Reise anzutreten. Die individuelle Aufbereitung des Wissens vermittelt Wertigkeit und führt durch den sehr speziellen Pitch dazu, die Abschlussrate zu erhöhen. Das Wissensangebot verliert an Vergleichbarkeit, und das erhöht die Erfolgsquote.

Die Frau aus dem Reisebüro hat im Internet nach der Destination gesucht und ist auf das Webinar aufmerksam geworden. Sie hat teilgenommen und sich nun dafür entschieden, mit dem Anbieter zu verreisen, dem sie in der Innenstadt zunächst den Rücken gekehrt hatte.

Auch Preis-Shopper lassen sich durch konzentrierte Kompetenz zu Qualitäts-Shoppern umerziehen. Das Feedback mehrerer Hunderter Urlauber – vielleicht sogar mit O-Tönen begeisterter Kunden versehen – kann Webinare zu ultimativen Verkaufstools werden lassen. Das ist kaufmännische Vorqualifikation des 21. Jahrhunderts. Selbst wenn die Malediven letztlich nicht zur Wunschdestination potenzieller Kunden gehören, wirkt die Autorität dieser Vortragsart enorm nach und hat Einfluss auf künftige Geschäfte.

Unternehmenswissen ist übertragbar

Webinare im virtuellen Schulungsraum

Wir haben heute das Grundproblem, dass auf die Menschen übermäßig viele Informationen einprasseln. Experten sprechen allein von 3000 bis 6000 Werbebotschaften jeden Tag. Um sich vor Überlastung zu schützen, filtert das menschliche Gehirn das meiste davon aus – und eine gewisse Werbeblindheit tritt ein. Kein Wunder also, dass es nicht mehr ausreicht, potenziellen Kunden ein »tolles Produkt« in Aussicht zu stellen. Die Käuferinnen und Käufer sind mündig geworden. Den Weg in deren Herz bahnen sich Verkäufer – aber nur wenn sie gehört werden.

Ich selbst komme aus der Versicherungswirtschaft. Dort war es so, dass ich bei meinen Kunden immer etwa eine Stunde Zeit hatte, um sie zu überzeugen. Das kennt auch heute noch jeder, der hochpreisige Produkte an den Mann beziehungsweise an die Frau bringen möchte. Sie, die Interessenten, müssen deren Nutzen und Vorteile kennenlernen. Man muss mit dem potenziellen Kunden emotionale verkäuferische Reisen durchleben. Und am Ende sind die Leute dann auch bereit, Produkte vielleicht jenseits der 1000, 5000, 10000 oder 20000 Euro zu erwerben.

Kurze Impulse genügen im schnelllebigen Internetzeitalter allenfalls dafür, um erstes Interesse aufzubauen – verkaufen geht anders.

Den Link zu einem Video im Internet zu versenden ist nahezu wirkungslos geworden. Jeden Tag gehen millionenfach solche Botschaften auf die Reise. Infolge dieser inflationären Verbreitung ist die Wahrscheinlichkeit gering, dass der Link geklickt wird. Aus diesem Grund ist das Medium »Webinar« so extrem wertvoll. Eine Online-Schulung ist deutlich wertiger als ein Videoclip. Die Statistiken beweisen: Anbieter mit einem Webinar schaffen es, dass ihnen die Leute sehr lange zuhören.

Doch was genau ist das eigentlich, so ein Webinar? Der Begriff setzt sich zusammen aus »Web« und »Seminar« – es handelt sich also um eine Infoveranstaltung, die im Internet ausgestrahlt wird. Webinare haben eine vom Anbieter festgelegte Sendezeit. Wenn eines beispielsweise um 13 Uhr beginnt, dann sollten die Teilnehmer auch pünktlich im virtuellen Schulungsraum erscheinen. Anderenfalls beginnt die Veranstaltung ohne sie – das kennt man von Live-Events.

Diese Limitierung sorgt für Verbindlichkeit. Und das ist ein wesentlicher Unterschied zu einem einfachen Videoclip: Der Teilnehmer hat keine Möglichkeit, die Inhalte vor- oder

24

zurückzuspulen, und muss dementsprechend aufmerksam bei der Sache bleiben, damit ihm keine Informationen entgehen.

Klassische Webinare werden live dargeboten. Wer fünf Minuten zu spät kommt, verpasst eben fünf Minuten aus dem Vortrag. Es gibt übrigens auch Webinar-Anbieter, die Verspätungen bei ihren Veranstaltungen nicht tolerieren und den Zugang ab einer bestimmten Zeit deaktivieren.

Genau durch diese Art der Exklusivität konsumieren die Teilnehmer die Inhalte wesentlich intensiver als unverbindlich im Laden oder auf Videoportalen. Ein ansprechender Rahmen und die Wertigkeit durch Verknappung fördern den Erfolg des Webinaranbieters. Verantwortlich dafür ist das Motiv »Angst vor Verlust«, das stärker auf den Webinar-Besucher einwirkt als die »Motivation auf Gewinn«.

Die »Verlustangst« ist bei jedem wirksam, der schon einen Flieger oder Zug verpasst hat. Wer einmal auf der Strecke geblieben ist, möchte dieses Gefühl vermeiden. Und genau dieser Trigger macht das Webinar so wertvoll. Du kannst nur einsteigen und Dich mitnehmen lassen.

Der Wissenstransfer, der hier stattfindet, bedeutet nicht, die Quintessenz in einem Satz vorgesetzt zu bekommen. Eine

25

gute Schulung zeichnet sich durch eine Quintessenz aus – jedoch gespickt mit dreißig, sechzig oder neunzig Minuten Geschichten und bildhaften Vergleichen. So dringt die Gesamtbotschaft durch und erreicht den Empfänger in Kopf und Herz. Hier liegt die Stärke von Webinaren.

Alles andere wäre nur ein Teaser – nicht mehr und nicht weniger. In den Verkaufsprozessen im stationären Handel beispielsweise ist mehr als ein Teaser nur selten machbar.

Unternehmersegen im Überblick:

Bei Webinaren haben Teilnehmer weder Einfluss auf die Sendezeit, noch können sie vor- oder zurückspulen. Die Veranstaltung findet in der Regel live statt. Die Besucher sind beim Webinar während der ganzen Reise ununterbrochen dabei und müssen die Inhalte so konsumieren, wie sie ihnen angeboten werden. Das schafft einen besseren Zugang zum jeweiligen Thema – und verstärkt damit das Verständnis der Teilnehmer für den Pitch und letztlich ihr Kaufinteresse am Ende. Pünktlichkeit ist Bedingung, um alle Informationen aufnehmen zu können. Anderenfalls droht Ausladung.

Digitale Beratung:
Schon heute der Service von morgen

Kunden möchten Verkauf erleben – sie wollen sich exklusiv betreut fühlen und aus erlebten Erfahrungen schöpfen. Das ist die Trumpfkarte für alle Verkäufer.

Nochmals das Beispiel Reisebüro: Der Charme der Situation, in den eigenen vier Wänden der »Diashow« eines Reiseagenturinhabers beizuwohnen, ist das schlagende Argument für die Teilnahme an einem Webinar. Persönliche Erlebnisse, spannende Insights, Bilder und Geheimtipps machen Lust auf den nächsten Urlaub.

Die Stimmung bei der Wissensvermittlung bleibt stets positiv. Ob der Reiseagenturchef krank oder mal nicht so gut drauf ist, spielt keine Rolle. Seine Malediven-Performance ist und bleibt ein exotischer Hochgenuss – auch in vielen Jahren noch.

Anbieter von automatisierten Webinaren können ihren Kunden in der heutigen Zeit Verkaufserlebnisse in Perfektion anbieten, die in Eins-zu-eins-Gesprächen in dieser Qualität lange nicht machbar wären. Denn Zeit ist Geld. Die wenigsten können sich leisten, mehr kostenintensives Personal anzustellen – gerade hierzulande.

27

Schau Dich mal um,
wie viele **Senioren**
mit **Smartphones**
hantieren!

Und weil alle Kosten auf den Kunden umgelegt werden, würden die Angebote – in diesem Fall die Maledivenreise – immer teurer und damit unattraktiv werden.

Aus diesem Grund müssen auch Anbieter, die noch in ihrem Ladenlokal tätig sind, überlegen, wie sie ihr Business sinnvoll mit Online-Maßnahmen flankieren.
Das ist möglich – mehr noch: Wer hier die eigene Fantasie einsetzt, sich Inspirationen holt, mit anderen Unternehmern spricht und Kooperationen eingeht, wird schnell merken, dass es nicht lange dauert, bis seine Aktivitäten auf fruchtbaren Boden fallen.

Vorbehalte:
Stopp, meine Kunden sind nicht im Internet!
Die ältere Generation geht immer noch ins Reisebüro, weil sie es so kennengelernt hat. Aber sie ist durchaus auch offen fürs Internet.

Schau Dich mal um, wie viele Senioren mit Smartphones hantieren. Die älteren Semester haben Zeit und sind wissensdurstig. Hier verbaut sich jeder Dienstleister Chancen, der behauptet, seine Zielgruppe sei nicht im Internet. Ein kleiner Tipp am Rande: Einfach mal fragen, statt sich durch möglicherweise falsche Glaubenssätze das Geschäftspotenzial zerschießen zu lassen. Der klassische Ladeninhaber, der meint, das Internet nehme ihm seine ganzen Kunden weg, wird dabei feststellen, dass er lange auf dem Holzweg war. Wer dagegen aufbricht und sich für Neues öffnet, ist auf dem richtigen Weg.

Viele, die sich für das Thema Digitalisierung interessieren, haben dabei gerade mal die Erstellung einer Website im Sinn. Manch andere denken darüber nach, sich eine App für ihren Laden programmieren zu lassen, ohne zu wissen, was sich technisch eigentlich dahinter verbirgt. Einfach nur, weil sie gehört haben, dass jeder so eine App benötigt.

Genauso häufig kommt es vor, dass Unternehmen Profile in den sozialen Netzwerken anlegen, weil sie glauben, dort hielten sich die Kunden auf. Tun sie auch, nur muss man auch wissen, wie man sie richtig erreicht.

Ich selbst bin seit zehn Jahren im Online-Marketing tätig und habe immer wieder mitbekommen, wie eine Sau nach der anderen durchs digitale Dorf getrieben wurde. Jeden Tag werden neue Tools und Strategien entwickelt und in den Markt entlassen. Wer lange dabei ist, erkennt, was gut und was weniger gut funktioniert. Anfänger jagen häufig jedem Trend hinterher und verstehen nicht, dass ganz besonders

Kontinuität und eine klare strategische Linie Aussicht auf Erfolg versprechen.

Zur Vorgehensweise habe ich eine klare Meinung: Der Aufbruch in die Verkaufsdigitalisierung beginnt für Anfänger mit dem Aufbau eines Kunden-Newsletters.

Neulich interessierte sich auch einer meiner Bekannten für Webinare. Er führt seit über zwanzig Jahren ein Tourismuscenter und fragte mich, was er seinen Kunden denn sagen solle, wenn er sie zu einer solchen Online-Veranstaltung einlade.

»Vielleicht so: ›Wollen Sie sich mal ein Webinar ansehen?‹ Oder wie?«

Ich antwortete ihm: »Ganz einfach: ›Bei uns ist digitale Beratung schon heute der Service von morgen. Ich nehme mir viel Zeit, um Sie sehr intensiv auf die schönste Zeit des Jahres vorzubereiten.‹«

Das hat ihm gefallen. Auf die Frage, wie Kunden und Interessenten an Webinare herangeführt werden, gehen wir im Kapitel »Wie bewerbe ich mein Webinar?« (Seite 101) noch einmal gesondert und intensiv ein.

Was sind automatisierte Webinare?

Während Fachverkäufer in der Regel lediglich Eins-zu-eins-Gespräche führen können, haben herkömmliche Webinare den Vorteil, Interessenten zu Hunderten oder Tausenden gleichzeitig mit Informationen zu versorgen. Der Vortragende muss dazu live anwesend sein.

Die Weiterentwicklung heißt automatisiertes Webinar. Wie beim klassischen Webinar werden die Teilnehmer eingeladen, zu einer festen Zeit den »virtuellen Klassenraum« zu betreten. Sie nehmen an ihren Bildschirmen Platz – vor Smartphones, Tablets und PCs. Und freuen sich auf den Vortragenden. Und der Referent? Der liegt in der Hängematte, ist im Auto unterwegs oder im Kundengespräch. Er ist überall, nur nicht im Webinarraum.

Äh, Moment mal, was bedeutet das denn, fragen sich einige Leser jetzt vielleicht stirnrunzelnd. Bekommen die Webinar-Teilnehmer dann ihre Infos doch nicht, oder wie?
Doch, bekommen sie. Der Webinar-Anbieter war nämlich vorher schon richtig fleißig. Er hat sich viel Mühe gegeben, sein gesammeltes Know-how zusammengetragen und einen wunderbaren Vortrag vorbereitet. Das Ganze hat er in einer bebilderten Präsentation zusammengefasst und als Film finalisiert.

Und dieser Film ist das Herzstück des automatisierten Webinars. Pointiert fließen die Informationen den Webinar-Teilnehmern zu.

Ähnlich wie die meisten klassischen Webinare sind auch automatisierte Webinare Einbahnstraßen. Es kommt mehr auf die Sendung an, weniger auf den Empfang.

Pionier dieser technischen Entwicklung im deutschsprachigen Raum ist die *Webinaris* GmbH. Millionen von Sendestunden haben auf diese Art über die Datenautobahn Webinar-Teilnehmer an allen Orten der Welt erreicht.

Das heißt, einmal hochwertig generierter Content kann einer unlimitierten Menge an Interessenten zur Verfügung gestellt werden – dauerhaft konserviert im virtuellen Klassenzimmer.

Den Salesmen und ihren weiblichen Kollegen, die das erste Mal von automatisierten Webinaren erfahren, schlägt das Herz in aller Regel bis zum Hals: Ihnen wird schnell bewusst, was es bedeutet, Informationen zu klonen und in angemessenem Rahmen zu verteilen. Es hat enorme Auswirkungen auf ihre berufliche Zukunft – für sie persönlich und für ihr Business.

Mit automatisierten Webinaren zu arbeiten, bedeutet extrem hohe Performance-Möglichkeiten, flexible Zeitgestaltung, Wissensvermittlung oder Verkauf rund um die Uhr.

Obwohl jeder Webinar-Anbieter die maximale Freiheit genießt, bleiben die Bedingungen für die Teilnehmer bestehen: feste Anfangszeit, feste Endzeit, keine Möglichkeit, in die Veranstaltung auf dem Bildschirm einzugreifen, kurz: Nichtspulbarkeit. Wieder werden die Gäste des Webinars den Content hundertprozentig konsumieren, wenn sie Antworten auf ihre Fragen suchen.

Damit ist der Weg frei, um Vertriebsprozesse zu überdenken und je nach Branche und Bedarf teilweise oder vollumfänglich zu automatisieren. Mehr noch wird möglich durch diese Art der Digitalisierung. Sie lässt Personalverantwortliche aufhorchen, die aufgrund der Unternehmensgröße bislang vielleicht noch keinen Zugang zu einem firmeneigenen E-Learning-Portal hatten: Automatisierte Webinare erleichtern Ausbildungsprozesse und bilden Onboarding-Aktivitäten ab.

Alle Bereiche, die wiederkehrende Kommunikation verlangen, lassen sich durch automatisierte Webinare effektiv und elegant optimieren – ganz gleich ob es sich dabei um das Erklären von Produkten, Dienstleistungen oder sonstigen

Unternehmensangeboten handelt oder um Markenversprechen, Pre- und Aftersales-Botschaften. Einmalig erstellter Content bleibt dauerhaft verfügbar.

Somit lässt sich auch Informationsflucht verhindern – Informationsdefizite, wenn Mitarbeiter aus dem Unternehmen aussteigen. Unternehmer, die bislang zu stark in wiederkehrende Kommunikationsprozesse eingebunden waren, können die neu erworbene Freiheit nutzen, um sich auf wichtigere Aufgaben zu konzentrieren.

Fazit:

Wenn von Webinar-Marketing die Rede ist, dann bedeutet das die Einbindung des Webinars in die generelle Marketingstruktur eines Unternehmens. Damit erweitern Webinare als Kommunikationsbaustein dessen Tragfähigkeit, unabhängig von seiner Größe. Webinare sind dabei professionelle Informations- oder Verkaufsveranstaltungen, Vorträge oder kleine »Seminare« von dreißig bis sechzig Minuten, die zu festen Zeiten im Internet stattfinden und die Interessenten ortsunabhängig verfolgen können.
Man kann sagen: Je höherpreisig ein Produkt oder je umfangreicher und bedeutender die angebotene

Dienstleistung ist – sei dies nun ein Coaching oder eine Altersabsicherung –, desto größer ist der Wunsch und Bedarf der potenziellen Käufer, sich hierüber vorab ausführlich zu informieren. Erst danach wird eine Kaufentscheidung fallen.

Traditionell fand diese Vorabinformation hauptsächlich in Eins-zu-eins-Gesprächen statt. Da in der heutigen Zeit immer mehr Menschen auf die Möglichkeiten im Internet zugreifen und nach den ersten Informationen dort recherchieren, ist es für Anbieter erforderlich, mit einem eigenen Informationsangebot im Netz vertreten zu sein. Im Idealfall findet der Kauf auch gleich dort statt. Es ist nicht allein die Möglichkeit, sich im Internet orts- und zeitunabhängig informieren zu können, die die Interessenten antreibt. Der zweite und mindestens ebenso wichtige Grund ist, dass diese Information im Internet für die Interessenten zunächst ohne weitere Verpflichtungen erfolgt.

Webinare: Nichts für Obst- und Gemüsehändler

»Frische Orangen, frische Äpfel und Bananen«, schallt es über den Platz. Es ist Wochenmarkt.

Ein Student – offensichtlich Fachrichtung Sozialwissenschaften – schlurft in seinen Bio-Kork-Sandalen über den Platz und macht halt am Obst- und Gemüsestand eines älteren Herrn. Näselnd erkundigt er sich über die Herkunft der Produkte.

»Kartoffeln, Möhren und Äpfel kommen aus eigenem Anbau. Die Orangen importiere ich aus Spanien. Die Tomaten kommen aus Holland. – Was darf ich Ihnen in die Tüte packen?«, fragt der Verkäufer schließlich mit freundlichem Gesichtsausdruck.

Der Student stellt die Frage des Händlers zurück und erörtert zunächst einmal, dass Holland und Spanien nicht gerade glänzende Adressen für diese Produkte seien.

Eine gute halbe Stunde später steht der angehende Wissenschaftler immer noch am Stand und hält den Verkäufer vom reibungslosen Handel ab. Dessen Miene wirkt angespannt. Hinter dem Studenten hat sich eine Menschentraube gebildet – alle wollen Obst und Gemüse kaufen, doch der Zeiträuber lässt nicht ab. Weder kauft er, noch verstummen seine mahnenden Worte.

Plötzlich platzt einem der Kunden in der Warteschlange der Kragen: »Junge, mach den Weg frei. Für dich produziert der Händler morgen ein Webinar.«

Der Student kauft einen Apfel und verschwindet.

Wenig später erkundigt sich der Händler, während er Obst und Gemüse in die Papiertüte legt: »Was ist denn ein Webinar?«

Sein Kunde erklärt: »Auch ich verkaufe Produkte – allerdings sind die nicht so konkret wie Ihre. Ich arbeite im Finanzdienstleistungssektor und handle mit preisintensiven Angeboten, die extrem erklärungsbedürftig sind.«

Daraufhin der Obsthändler: »Klingt interessant, aber was sollte ich erklären? Wie man eine Banane schält?«

Die beiden Männer lachen.

Prinzipiell sind Webinare für jedes Unternehmen geeignet, das erklärungsbedürftige und zudem hochpreisige Produkte führt. Damit fällt der Früchteverkäufer zunächst durchs Raster. Seine Kunden kennen die Produkte und brauchen keine zusätzlichen Informationen – den Vorteil von Obst und Gemüse lernen Kinder schon in den ersten Lebensjahren.

Anders sieht es aus, wenn ein Obst- und Gemüsehändler nun eine besonders innovative Produktionsmethode entwickelt hat, wenn er eine neue Vorgehensweise beschreiben kann, mit der er Schädlinge vertreibt, wenn er garantieren kann, dass seine Produkte frei von Genmanipulationen sind oder Ähnliches. Kurz, wenn er Neuigkeiten zum Besten geben kann, die für seine Zielgruppe relevant sind. Dann lassen sich solche Inhalte natürlich in einem automatisierten

Webinar verarbeiten. Damit kann der Händler sich Türen öffnen, gerade auch dann, wenn er sich nach neuen Umsatzquellen umschaut.

Auf dem Wochenmarkt ist der Obst- und Gemüsestand längst bekannt.

Wie wäre es aber mit dem Status eines Zulieferers für mittelständische Unternehmen oder gar eines Dienstleisters für einen Großkonzern? Mit der an die jeweilige Personalabteilung gerichtete Einladung zum »Frische-Webinar« baut sich der Händler die Möglichkeit auf, mit seiner Kompetenz zu punkten und zum »Frische-Caterer« aufzusteigen.

Hier wird deutlich, wie Webinare Anbieter unterstützen, den Fokus auf die Welt und die eigene Einstellung neu zu setzen.

Daraus leitet sich ab, dass Webinare grundsätzlich von jedem Unternehmer, Selbstständigen oder Freiberufler veranstaltet werden können, der etwas zu sagen hat und der auf der Suche nach Neukunden ist.

Natürlich sind die Webinare auch dazu geeignet, Mehrumsatz durch die Vermittlung von Know-how an Bestandskunden zu generieren. Grundsätzliches Interesse an Automatisierung, Digitalisierung und Unternehmenswachstum sind von Vorteil.

Wenn das **papierlose Office** zum **Sahnestück** der digitalisierten Selbstverwaltung heranwächst,

ist das **automatisierte Webinar** die **Kirsche** **auf der Torte.**

Ich persönlich bin absolut digitalisiert. Ich habe ein papierloses Office. Hier gibt es keine einzige Akte. Alles, was in Papierform bei mir anfällt, wird zunächst digitalisiert und findet sich dann auf dem Recyclinghof wieder.

Ich mag einfach den leeren Schreibtisch, auf dem sich keine Infos aufstauen, keine Papierberge überquellen. Die psychische Ordnung folgt dem physischen Freiraum. Dennoch kann ich von nahezu jedem Winkel der Welt auf alle Infos zugreifen, unbegrenzt und dauerhaft.

Und doch gibt es ein Medium, das ich seit Jahren bei mir trage und äußerst gern verwende. Ich spreche von meinem Moleskine. Meine Gedanken zu jeglichen Themen bringe ich immer zu Papier. Durch das Kritzeln und Skizzieren kommen meine Gedanken in Schwung – ich werde kreativ, und die Ideen beginnen zu fließen. Im nächsten Bearbeitungsschritt werden dann aber auch diese Gedanken in Bits und Bytes umgewandelt. Für einen Fan der Digitalisierung eine logische Konsequenz.

Genauso logisch wie der Weg, den ich bereits gegangen bin und den viele andere Unternehmer noch vor sich haben. Mit diesem Buch möchte ich sie dabei unterstützen, schneller ans Ziel zu kommen. Ich glaube, dass es einfach viel zu viele Geschäftsleute gibt, die sich ihr Leben heutzutage viel leichter machen könnten. Das finge ganz einfach damit an, darauf zu verzichten, potenzielle Kunden mit leeren Werbefloskeln zu belegen. Stattdessen Energie einzusetzen, um ihnen einen wirklichen Wissensvorsprung zu ermöglichen. Das überzeugt.

Die klassische Werbung beschönigt vieles. Wäsche wird noch weißer als weiß, Haartönung macht das Haar noch leuchtender, und Kinder sind nie glücklicher gewesen als mit dem neuen Spielzeug. Es wird geflunkert, dass sich die Balken biegen. Und am Ende ist die Enttäuschung groß, wenn das Produktversprechen nicht eingehalten werden kann.

Die missverständlichen Botschaften sind der Entstehungsgeschichte der Reklame geschuldet. Überall dort, wo redaktionelle Inhalte eine Vielzahl an Menschen erreichen, wurde seit Mitte des vergangenen Jahrhunderts Werbung zwischengeschaltet, um (zusätzliche) Einnahmen zu generieren. Am Anfang waren zum Beispiel Werbefilme ausgesprochen weitschweifig. Mit der Zeit wurden sie zu immer knapperen Clips – das teure Gut Sendeplatz wurde zunehmend hochpreisiger verkauft. Über die Jahrzehnte mussten in immer kürzerer Zeit immer mehr Informationen untergebracht werden. Dass dies auf Dauer zu einer Entfremdung zwischen Anbietern und Abnehmern führen würde, lag schon lange auf der

Hand. Der Verbraucher ist mündig geworden. Die klassische Werbung funktioniert nicht mehr (wirklich).

Nie waren Kaufinteressenten ungeduldiger als heutzutage – sie lassen sich nicht bremsen und switchen zwischen den Angeboten ständig hin und her. Doch gleichzeitig waren sie auch nie geduldiger, wenn sie sich für Angebote, besonders für hochpreisige, interessierten. Und das ist die große Chance der Anbieter von automatisierten Webinaren. Diese sind eben nicht auf Sekunden gestutzt und unterliegen keinen zeitlichen Limitierungen. Der Anbieter hat die Möglichkeit, das Wesentliche unterzubringen.

Nicht falsch verstehen, das ist natürlich kein Freifahrtschein für unbedeutenden und langweilig präsentierten Content – ganz und gar nicht. Es bedeutet aber, dass es keine Rolle spielt, ob die angebotenen Infos fünf, fünfzehn oder fünfzig Minuten dauern, solange sie unterhaltsam und knackig vorgebracht werden.

Im Vergleich:
Automatisiertes Webinar versus Live-Webinar

Grundsätzlich glänzen Webinare – ob live oder automatisiert – durch ihre Unverbindlichkeit. Wer sich hingegen in den Fachhandel begibt, um sich unverbindlich zu informieren, setzt sich möglicherweise dem Verdacht aus, ein Zeiträuber zu sein, wenn er oder sie nicht kauft. Den Druck, den der Verkäufer, mal in schwächerer, mal in stärkerer Ausprägung aufbaut, wird von vielen Menschen als unangenehm empfunden. Sie müssen sich informieren, um eine Kaufentscheidung treffen zu können, und begeben sich genau dadurch in die Hand eines Verkäufers, der je nach Schulung und persönlichen Fähigkeiten den Interessenten dazu drängen kann, das Objekt der Begierde auch einzukaufen. Webinare bewirken das Gegenteil. Sie bauen Sogwirkung auf.

Interessante Inhalte sind daher sowohl für Live- als auch für automatisierte Webinare elementar wichtig und als entscheidende Erfolgsgaranten anzusehen.

Nun sind aber gerade Webinar-Neulinge am Anfang häufig aufgeregt, wenn sie vor größerem Publikum sprechen. Mit dem aufgezeichneten Webinar, das automatisiert abgespielt wird, lässt sich die Aufregung in den Griff bekommen. Wer sich verspricht, schneidet den Patzer einfach raus, und weiter geht's. Erst wenn die Aufnahme perfekt ist, wird sie hochgeladen.

Auf die Webinar-Produktion gehe ich gleich noch intensiver ein. Hier möchte ich nur die Vorzüge von Live- und automatisierten Webinaren gegeneinander abwägen, um Dir bei der Entscheidungsfindung über die Webinar-Gattung zu helfen.

Während sich bei Live-Webinaren Gastgeber bzw. Moderatoren einloggen, so wie die Teilnehmer auch, findet das automatisierte Webinar ohne Deine Anwesenheit als Webinar-Anbieter statt.

Für alle, die sich das noch nicht richtig vorstellen können: Kein Spaß, Du legst zwar weiterhin die Veranstaltungstermine fest, zu denen sich die Teilnehmer anmelden können, selbst jedoch bleibst Du der Veranstaltung fern. Du wirst durch den automatisierten Ablauf nicht mehr (zwingend) gebraucht.

Dein perfekt inszeniertes Webinar wird abgespielt, ohne dass Deine Teilnehmer das erkennen können. Sie gehen in der Regel davon aus, dass es sich um ein klassisches Webinar handelt. Ob Du mit offenen Karten spielst und Deine Abwesenheit kommunizierst oder ob Du diese Informationen außen vor lässt, liegt ganz bei Dir und Deiner strategischen Ausrichtung. So wie bei jedem Webinar, haben die Teilnehmer natürlich die Möglichkeit, in den Chat zu schreiben.

Live-Webinare haben überall dort ihre Berechtigung, wo es darum geht, auf Teilnehmerfragen individuell einzugehen. Das bedeutet: Wenn die Antwort auf Teilnehmerbeiträge im Fokus steht, kann das Live-Webinar eine Alternative sein. Das könnte auf eine Ausbildungsreihe zutreffen, wenn es um Klärung von Verständnisfragen geht – oder beispielsweise nach einer abgeschlossenen Coaching-Einheit, wenn Teilnehmer noch detaillierten Rat und Unterstützung für die Umsetzung brauchen.

Bei genauer Betrachtung wird aber eines klar: Auch bei Verständnisfragen handelt es sich oft um wiederkehrende Fragen bzw. Frageschleifen, deren Beantwortung durchaus Stück für Stück automatisiert werden kann. Die Antwort auf eine Frage bleibt ja dauerhaft verfügbar, und so ließe sich aus der Masse der häufig gestellten Fragen z. B. ein FAQ-Webinar bauen (*Frequently asked questions* = häufig gestellte Fragen), in dem alle möglicherweise aufkommenden Fragen beantwortet werden.

Das bedeutet, dass prinzipiell auch hier, im Falle immer wiederkehrender Fragen, das automatisierte Webinar im Vorteil ist.

Mit Blick auf den Zweck »Verkaufen durch Webinare« ist das automatisierte Webinar durch sich ständig wiederholende Informationen und seine nahezu unlimitierte Frequenz deutlich im Vorteil.
Nicht nur hierbei handelt es sich um einen wiederkehrenden Prozess. Das Gleiche gilt auch für Ausbildungseinheiten. Bei der Ausbildung von Mitarbeitern z. B. macht ein automati-

siertes Webinar deshalb Sinn, weil am Ende der Ausbildung jeder den gleichen Wissensstand haben sollte. Nicht anders liegt der Fall bei Produkt-Launches oder generell der Information über Unternehmensaktivitäten und Produkte, also bei der Vorqualifizierung von Kunden.

Automatisierte und Live-Webinare im Vergleich:

Automatisierte Webinare	Live-Webinare
+ Persönliche Anwesenheit nicht erforderlich	− Persönliche Anwesenheit zwingend erforderlich
+ Webinare rund um die Uhr möglich	− Webinare nach persönlicher Verfassung limitiert
− Feedback auf Teilnehmer nicht möglich	+ Teilnehmer-Feedback ist möglich
+ Gleichbleibende Qualität	− Gefahr der sinkenden Performance bei ständiger Wiederholung
+ Termine werden im Moment des User-Interesses automatisch in größerer Anzahl generiert	− Termine müssen im Vorfeld festgelegt werden, sie richten sich nach dem Kalender des Referenten

Was aber spricht an dieser Stelle gegen Live-Webinare bzw. wo genau liegt der Vorteil von automatisierten Webinaren?

Wenn wir über Produkt-Launches sprechen, geht es darum, die Informationen nicht nur zu zwei oder drei Terminen anzubieten. Je begrenzter die Zahl der Termine, desto geringer die Wahrscheinlichkeit, dass eine hohe Stückzahl verkauft werden kann. Eine große Grundgesamtheit von Empfängern ist notwendig, um am Ende in adäquater Menge zu verkaufen.

Eine Vielzahl an Webinar-Terminen erhöht also die Chance auf größere Umsätze. Was bedeutet das für Live-Webinar-Anbieter? Ganz klar, höheren Zeitaufwand. Denn sie müssten jedes Webinar persönlich moderieren. Wenn nur wenige Teilnehmer den Webinarraum aufsuchen, kann das mit Blick auf die Kosten-Nutzen-Rechnung eine bittere Pille sein.

Je öfter ein Live-Webinar abgehalten wird, desto stärker lässt die Qualität nach. Den Grund hatte ich schon erwähnt, möchte ihn Dir der Vollständigkeit halber aber hier noch einmal ins Gedächtnis rufen: Wenn man zehn-, zwanzig-, dreißig- oder gar fünfzigmal bei einer Produkt- oder Businesspräsentation das Gleiche erzählt, dann kann es passieren, dass gekürzt wird – die Monotonie fordert ihren Tribut – und die Performance leidet.

Es werden doch die Punkte gekürzt, die nicht unbedingt notwendig sind für das Verständnis des Produkts? Vielleicht. Aber leider muss man es anders sehen: Es sind die »Vorwärmer«, die der Content-Schere zum Opfer fallen. Wenn beispielsweise Bilder und Teile der Story entfallen, die bei der Einleitung des Webinars eigentlich für die Identifikation sorgen sollten – schließlich muss sich dem Zuhörer der Bedarf erschließen –, und die im Webinar angebotene Lösung sich somit nicht richtig entfalten kann, dann gehen zwei Verlierer vom Feld: der Webinar-Teilnehmer und der Webinar-Anbieter.

Nein, es muss anders laufen: Schau nur, Webinar-Besucher, welch Befreiung, wenn Zustand Y bei Deinem Problem X eintritt – herrlich. Und genau das erreichst Du auch nach dem hundertsten Webinar, wenn es automatisiert abläuft.

Nur wenn die Logik stimmt, wenn die Leidenschaft beim Vortrag stimmt, wenn das Gesamtbild stimmt, dann geht der Webinar-Anbieter erfolgreich aus der Veranstaltung hervor.

Das ist der Coup: Eine feststehende und jederzeit weiter optimierbare Qualitätseinheit, die unbegrenzt oft und zu jeder Zeit – ohne eigene Zeitbeanspruchung – als perfektes Webinar angeboten werden kann.

Je cleverer Deine Ansprache ist und je regelmäßiger Du Dein Umfeld über den Value informierst, den Du ihm geben kannst, desto größer wird im Ergebnis die Anzahl der daraus gewonnenen Kunden.

Es liegt auf der Hand: Mit einem Live-Webinar kommst Du einfach schnell an Grenzen – Limits bei der Qualität, in der persönlichen Energie, zeitlich und auch in der Motivation, wenn Dir plötzlich nur zwei oder drei Webinar-Teilnehmer »gegenübersitzen«.

Automatisierte Webinare nehmen einmalig Energie in Anspruch, und dann hörst und siehst Du nichts mehr von ihnen, während sie Dir einen Kunden nach dem anderen ins Postfach spülen.

Zugegeben, das klingt etwas reißerisch. Aber wenn ich über dieses Thema schreibe, dann kocht mir das Blut, einfach weil ich diese Möglichkeit der Kommunikation so genial finde.

Ich möchte hier kurz die Verbindung zum Thema Newsletter-Marketing herstellen, das enorme Auswirkungen auf den Webinar-Erfolg hat: Statistiken zeigen, dass 50 Prozent der Empfänger ihre Mails innerhalb von zwei Tagen nach Erhalt öffnen. Die »Öffnungszeiten« der restlichen 50 Prozent liegen zwischen zwei Wochen und einem Monat nach Erhalt der elektronischen Post. Das muss man sich mal vorstellen.

Das bedeutet aber auch: Wenn man diese zweiten 50 Prozent nicht von vornherein von der Teilnahmemöglichkeit – das heißt für Dich: von der Möglichkeit, mit ihnen Umsatz zu machen – ausschließen will, sollte man das jeweilige Webinar zum Produkt-Launch über einen langen Zeitraum anbieten. Über einen langen Zeitraum mit entsprechend vielen Webinarterminen, wohlgemerkt. Dass einem Live-Webinar-Anbieter bei einem solchen Veranstaltungsmarathon irgendwann die Puste ausgeht, muss hier nicht weiter erörtert werden.

Info am Rande: Bei *Webinaris* werden neue Termine genau in jenem Moment generiert, in dem sich jemand für das Webinar interessiert und auf der Landing-Page anmelden möchte. Der User sieht also immer eine ganze Reihe aktueller Termine, unabhängig davon, ob er seine E-Mail zwei Tage oder vier Wochen nach Erhalt öffnete.

Wenn er oder sie sich für ein Webinar interessiert, werden ausreichend viele Termine angeboten. So steigt die Wahrscheinlichkeit, dass für jeden Interessenten ein passender Zeitpunkt mit dabei ist. Verpasste Termine (und verpasste Umsatzchancen) gehören damit der Vergangenheit an.

Die Historie

So entstand Webinaris

Wir waren als Trainer sehr viel unterwegs, saßen also ständig im Auto und reisten von Stadt zu Stadt, um unser Wissen zu vermitteln und unsere Produkte und Dienstleistungen an den Mann oder die Frau zu bringen. Regelmäßig stellten wir uns die Frage, ob das nicht auch effizienter ginge, da wir letztlich ja nur die Interessenten in der jeweiligen Stadt erreichten.

Irgendwann wurden wir auf das Thema Webinare aufmerksam und begannen damit, eigene abzuhalten. Und es funktionierte: Wir haben uns vor den Computer gesetzt und zunächst vor einigen, später vor unzähligen Menschen referiert. Wir erreichten Interessenten in Deutschland, Österreich und der Schweiz. Sie schalteten sich zu und nahmen auf, was wir ihnen an Wissen ins Büro, Arbeits- oder Wohnzimmer sendeten. Ich erinnere mich noch sehr genau, für uns war das sensationell.

Wir hatten damit die Möglichkeit, einerseits Zeit und Geld zu sparen, weil wir in unserer Stadt bleiben konnten, und erreichten andererseits mehr Menschen, als zuvor jemals in einen Tagungsraum gepasst hätten. Wow, keine Reisekosten mehr, keine Hotelkosten – und es entfiel der mit alldem verbundene Stress.

Wir räumten Webinaren einen enorm hohen Stellenwert ein – zu einer Zeit, als noch sehr wenige Unternehmer sie als gewinnbringende Option auf dem Schirm hatten. Na klar, Schulungskonzerne arbeiteten damit – und Leute aus dem Personalwesen. Allerdings hatten Webinare den geschäftlichen Mainstream noch längst nicht erreicht. Auch die technischen Möglichkeiten waren noch nicht ausgereift. Unsere anfängliche Begeisterung ließ mit den Lücken bei der Performance nach.

Obwohl wir deutlich mehr Umsatz machten, unsere Reichweite massiv erhöhten und die Nachfrage so anstieg, dass wir teilweise pro Tag zwei Webinare abhalten mussten, fragten wir uns irgendwann, ob wir uns die dauerhafte Wiederholung nicht sparen könnten.
Unser Drang nach Optimierung führte letztlich dazu, dass wir unseren Vortrag aufzeichneten, ihn im Hauptteil des jeweiligen Webinars abspielten und nur noch die Begrüßung und Verabschiedung individuell gestalteten.
Als logische Konsequenz daraus wollten wir den gesamten Seminarablauf automatisieren und wunderten uns, dass es

dazu noch keine Lösung auf dem Markt gab, da der Bedarf hierfür zumindest aus unserer Sicht ja eigentlich auf der Hand lag.

Nach intensiven Recherchen begannen wir damit, eine Plattform zu designen – nach unseren Vorstellungen, um damit unseren eigenen Bedürfnissen gerecht zu werden.

Im Jahr 2013 war es dann so weit. »Webinaris« erblickte das Licht der Welt – ein Tool für die smarte Kundengewinnung und nachhaltige Umsatzsteigerung. Wir hatten damit die Möglichkeit geschaffen, die eigenen Verkaufsaktivitäten zu multiplizieren. Plötzlich konnten wir nämlich zeitlich und vor allem personell unbegrenzt Webinare abhalten. Damit ließ sich die Verbindung zu unseren Kunden intensivieren, und gleichzeitig entfiel für uns die Wiederholung ewig gleicher Themen.

Und weil *Webinaris,* unser virtueller Held ohne Umhang, uns so viel Spaß machte und uns so viel Arbeit abnahm, beschlossen wir, die Vorteile mit der Community zu teilen. Wir boten die Leistungen zur Miete im Abo-Modell an.
Heute ist *Webinaris* noch immer unser Held, und wir haben uns zum SaaS-Dienstleister *(Software as a Service)* entwickelt. Das bedeutet, wir gehen auf die Wünsche unserer

Kunden ein und entwickeln *Webinaris* ständig weiter. Die Software wächst mit unserer Gefolgschaft wahrlich um die Wette und wird zunehmend populärer.

Wir optimieren *Webinaris,* um unseren Kunden den maximalen Nutzen zu bieten. Wir schulen sie mit Tutorials und teilen unser Wissen gerne mit ihnen, weil das beste Werkzeug nichts nutzt, wenn der Bediener nicht damit umzugehen vermag.

Es ist erstaunlich und faszinierend zugleich, was passiert, wenn man an den verschiedenen Stellschrauben dreht und die Webinare optimiert. Das Thema Webinar-Optimierung gehört bei genauerer Betrachtung eigentlich in jedes Mathebuch – das wäre ein zeitgemäßes und praxisorientiertes Beispiel, mit dem Rechnenlernen richtig viel Spaß machen würde.

Man kann sagen, dass automatisierte Webinare ein zentraler Baustein für den Erfolg im Geschäftsleben sind. Sicherlich sind wir durch die Aufklärungsarbeit, die wir mit und für *Webinaris* geleistet haben, an dieser Entwicklung nicht ganz unbeteiligt. Und darauf bin ich sehr stolz.

Einsatzgebiete

Dein Leben und Deine Zeit als Unternehmer sind einfach zu wertvoll, als dass Du Dich weiterhin tage-, wochen- oder gar monatelang mit immer den gleichen E-Mails, Nachfassaktionen oder unwilligen Kunden herumschlagen solltest.

Die Herausforderung bleibt jedoch stets die gleiche: Bei allem, was Du tust, stehen Vertrauensaufbau bei Interessenten, Kundengewinnung, Verkauf und Kundenbindung im Fokus Deiner unternehmerischen Aktivitäten. Mit Webinaren bzw. automatisierten Webinaren hast Du ein Werkzeug an der Hand, mit dem Du sowohl Effizienz als auch Effektivität steigern kannst.

In den nächsten Kapiteln wirst Du erfahren, wie Du Dein Webinar bestmöglich aufbaust, Interessenten zur Anmeldung bewegst und zur Teilnahme motivierst. Ich vermittle Dir weiterhin, dass Du Dich um Webinar-Teilnehmer bemühen solltest.

Dabei musst Du global denken. Es geht nicht unbedingt darum, einzelne Leute anzuschreiben und ihnen hinterherzujagen. Es geht darum, Aktivitäten zu fahren, die die Menge begeistern. Solche Aktivitäten münden zunehmend in automatisierte Prozesse. Alles, was Du im Hinblick auf das Webinar unternimmst und abschließt, ist mit der vollständigen Optimierung dauerhaft verfügbar. Das ist einer der brillanten Vorzüge, wenn man im Digitalzeitalter internetaffin und online-aktiv arbeitet.

Mehr als 100 000 Webinar-Teilnehmer haben mit *Webinaris* ein- und auch mehrmalig Wissen erworben. Von diesen Erfahrungen profitiert auch unsere Plattform. Und dieses Wissen geben wir gerne weiter.

Im Folgenden soll verdeutlicht werden, für welche Ziele Webinare eingesetzt werden können. Zum Beispiel für:
- die Gewinnung von Interessenten für Dein Thema und deren Vorqualifizierung
- die Gewinnung von Kunden für Dein Produkt
- die vertiefende Betreuung von neuen Kunden
- die Verhinderung von Stornierungen und Kaufreue
- die Bindung von bestehenden Kunden für weitere Käufe
- die Ausbildung von Mitarbeitern.

Die Gewinnung von Interessenten für Dein Thema und deren Vorqualifizierung

Mittels Deines Themas und Produkts machst Du mit Deinem Webinar bislang fremde Personen zu Interessenten. Auf eine sehr smarte Art. Du hältst nicht etwa ein Webinar darüber, wie toll Dein Produkt ist oder wie cool Du es findest. Vielmehr lieferst Du echte Werte. Du greifst die Fragen auf, die Deine potenziellen Kunden am meisten interessieren, und bietest ihnen gehaltvolle Antworten, um sie von einer Zusammenarbeit zu überzeugen – um sie gewissermaßen »auf Temperatur zu bringen«.

Die Gewinnung von Kunden für Dein Produkt

Wenn sich Menschen bereits für ein konkretes Produkt interessieren, dann musst Du damit natürlich nicht länger hinter dem Berg halten. Stell ihnen Dein Produkt vor. Erklär die Funktionsweise, verrate Tipps und Tricks für den Umgang damit, gib Insiderinformationen und Insights und bahne über die Info-Schiene den Weg in Deinen Online-Shop. Verwandle Deine Interessenten in zahlende Kunden.

Dieser Ansatz eignet sich übrigens besonders gut für den stationären Handel: Beratungsaktivitäten zumindest zum Teil ins Internet verlegen, um Personal und Ressourcen zu sparen, andererseits um potenziellen Kunden Mehrwerte zu bieten und am Ende doch den Abschluss zu erzielen.

Kunden können direkt im Ladenlokal auf Produkt-Webinare aufmerksam gemacht werden, genauso gut aber auch über den klassischen Sales-Funnel, über Newsletter, die Website – oder, soweit jemand noch Mailings versendet, über diese Art der Kommunikation. Der Kaufabschluss erfolgt dann direkt im Webinar oder über einen nachfolgenden Link.

Die vertiefende Betreuung von neuen Kunden

Insbesondere bei erklärungsbedürftigen Produkten, wie beispielsweise einem verkauften Softwareprogramm, einem Online-Kurs zum schnelleren Lesen und besseren Behalten von Texten, aber auch bei einer Altersvorsorge oder einem Coachingprogramm, ist es sinnvoll, die Kunden nach dem Kauf nicht alleinzulassen.

Binde daher Schulungs-Webinare in klassische Sales- bzw. Aftersales-Prozesse mit ein. Webinare zur optimalen Nutzung der Software werden erfahrungsgemäß genauso dankbar angenommen wie Online-Kurse zum »richtigen Lesen« der Versicherungspolice oder Hinweise zu notwendigen Schritten für die Beantragung von staatlichen Förderungen. Mindestens genauso sinnvoll sind vertiefende Webinare zu den einzelnen Punkten von Coachingprogrammen. Hier können wiederkehrend auftauchende Fragen erörtert werden, die jeder Kunde nach dem Kauf eines Infoprodukts stellt.

Die Verhinderung von Stornierungen und Kaufreue

Ein wesentliches Thema in der heutigen Zeit ist Kaufreue. Das Rückgaberecht macht Anbietern das Leben schwer – gestern gekauft, heute zurückgegeben. Um diese Herausforderung in den Griff zu bekommen, macht es Sinn, kurz nach dem Kauf mit einem Webinar noch einmal gezielt nachzuverkaufen und die Kunden darin zu bestärken, dass sie die richtige Wahl getroffen haben.

Dazu kann das Produkt noch einmal in der Tiefe erörtert werden, es können Fallbeispiele dargestellt werden und Erfolgsstorys. Mit einer solchen Maßnahme lassen sich Stornierungsquoten in zweistelliger Prozenthöhe nach unten korrigieren.

Die Vermittlung einer Altersvorsorge bietet sich als Paradebeispiel an, wenn es darum geht, den Kunden auf die Gefahren hinzuweisen, die im Falle einer Stornierung entstehen. Zähl in einem Webinar einfach nochmals die Vorteile auf, die sich mit dem rechnerisch geringen Beitrag dauerhaft auftun. Im Falle der Altersvorsorge ist ja nicht nur dem Kunden selbst geholfen, sondern auch seinen Angehörigen, die dadurch abgesichert sind. Dadurch wird dem Kunden klar, dass der Abschluss wohl doch eine gute Entscheidung war. Dann präsentiere die Einbußen, die die vorzeitige Kündigung mit sich brächte.

Gerade bei einem so sensiblen Produkt wie einer Altersvorsorge sollte man am besten immer auch noch auf die Möglichkeit eines persönlichen Beratungsgesprächs verweisen – bei Fragen und Zweifeln hilft das, Kunden zu erhalten.

Der Sinn und Zweck eines solchen »Anti-Stornierungs-Webinars« und seine Ausrichtung lässt sich prinzipiell auf jedes Business und jeden Produktbereich übertragen.

Die Bindung von bestehenden Kunden für weitere Käufe

Neue Kunden gewinnen ist meistens mit enormen Anstrengungen verbunden. Wer diese Anstrengungen scheut, dem bietet sich als alternative Option, den Bestandskunden neue Produkte anzubieten. Zufriedene Bestandskunden vertrauen Dir – und dem Medium Webinar, wenn Du diese Kunden bereits über ein Webinar gewonnen hast.

Und selbst wenn das nicht der Fall sein sollte, wäre es nun an der Zeit und eine großartige Gelegenheit, das Webinar als Medium an einem bestehenden Kunden zu erproben, um einen neuen Verkaufsgegenstand zu forcieren.

Das Gute daran: Mit automatisierten Webinaren zu diesem Zweck digitalisierst Du auch die Bestandskundenpflege – ein Thema, das insbesondere kleinere Unternehmen oft nicht wirklich auf dem Radar haben, aufgrund ihrer Strukturen und der Verpflichtungen, die das Tagesgeschäft mit sich bringt. So werden »alte« Kunden häufig sträflich vernachlässigt.

Um ihr Vertrauen zu erhalten und zu pflegen (hier kann man von echten Werten sprechen), sollten die bestehenden Kunden künftig mindestens einmal im Quartal eine Einladung zu einem Webinar erhalten. In diesem Rahmen kann man die neuesten Produkte, Dienstleistungen oder Infos über die Branche thematisieren.

Das können z. B. im Fall der Finanzdienstleistung/Altersabsicherung der Hinweis auf Gesetzesänderungen beim Fondssparen sein, oder auf staatliche Fördermöglichkeiten. Vielleicht ist aber gerade auch der richtige Zeitpunkt, um auf die »große Gefahr der Berufsunfähigkeit« einzugehen.

Im Herbst oder zum Winterende bieten sich für Autohauskunden Webinar-Tipps zum Reifenkauf oder zur perfekten Autopflege an. Gleichzeitig kann man Hinweise für die letzte oder erste Inspektion des Jahres versenden.

Wer die eigenen Kunden kontinuierlich auf dem Laufenden hält und mit nennenswertem Wissensvorsprung versorgt, für den geht die Rechnung auf. Loyalität ist keine Einbahn-straße. Oder anders ausgedrückt: Gestärktes Vertrauen führt zu Folgeverkäufen.

Die Ausbildung von Mitarbeitern

Prinzipiell behandelt dieses Buch das Thema Verkaufsdigitalisierung. Automatisierte Webinare können aber, wie schon angedeutet, noch viel mehr.

Ob Produkteinführung geschult oder Mitarbeiter ausgebildet werden, oder ob sonstige Arten der Wissensvermittlung auf dem Plan stehen – die Gattung »automatisierte Webinare« lädt dazu ein, enorme Kapazitäten zum Einsatz zu bringen. Statt Meetings mit einer hohen Personaldichte durchzuführen und dadurch wertvolle Ressourcen zu binden, nicht selten mit viel zu geringem Output, gemessen an der Teilnehmerzahl, könnte es sowohl für Personalverantwortliche als auch für Geschäftsführungen sinnvoll sein, über den Einsatz automatisierter Webinare nachzudenken. Sie ließen sich beispielsweise auch in den Arbeitsablauf von Schichtsystemen eingliedern.

Für Ausbildungsbetriebe sind sie eine sinnvolle Ergänzung, um bei Auftragsspitzen das für die Ausbildung zuständige Personal zu entlasten.

Mit Blick auf konventionelle Schulungen lassen sich Webinare auch für die Weiterbildung sinnvoll nutzen. Da Anreise- und

Übernachtungskosten genauso entfallen wie das Anmieten von Tagungsräumen, kann die Wissensvermittlung deutlich günstiger angeboten werden als im Vis-à-vis-Modus.

Die ständige Personalpflege und Einarbeitung neuer Partner etwa im Network-Marketing ist in der Regel extrem zeitaufwendig und ressourcenintensiv. Ständig wiederholen sich die Themen. Die Kommunikation zu »klonen« und für jeden Partner dauerhaft verfügbar zu machen, gebunden an verbindliche »Meeting-Zeiten«, kann nur als logische Konsequenz angesehen werden.

Fazit:

Mit Webinaren kann man neben Verkaufsaktivitäten auch Ausbildungsprozesse standardisieren, automatisieren und deutlich effektiver gestalten. Kostenersparnis, Zeitersparnis und freie Kapazitäten für andere, wesentliche Aufgaben liegen hier als deutliche Vorteile auf der Hand.

Überall dort also – und dies ist wichtig für das Grundverständnis –, wo es in Deinem Unternehmen zu wiederkehrenden und inhaltsgleichen Gesprächsprozessen kommt, die die Kundengewinnung, Kundenbetreuung oder Mitarbeiterausbildung betreffen, bieten sich Webinare perfekt an. Statt fünfzig Menschen nacheinander immer das Gleiche zu erzählen, erzählst Du lieber einmal das Gleiche und stellst es hundert, tausend oder zehntausend Menschen dauerhaft zur Verfügung.

Dein Webinar – Deine Verkaufsmaschine

Fertig zum Durchstarten: So richtest Du die Verkaufsmaschine ein

Schritt 1: Das richtige Thema finden

Ein Webinar-Thema zu finden ist ganz einfach: Ich erzähle den Teilnehmern einfach über meine Dienstleistung, meine Produkte und Unternehmensangebote. Oder?

Richtig. Richtig falsch. Selbstverständlich besteht die Motivation darin, eigene Angebote zu vermarkten. Dennoch muss hier ein Zwischenschritt eingefügt werden. Wer ein Webinar gibt, tut das in erster Linie, um sich als Experte bzw. Fachmann/Fachfrau zu profilieren. Damit wird Vertrauen aufgebaut, und dieses Vertrauen ist notwendig, um aus Interessenten Käufer zu machen. Es geht beim Webinar also darum, gehaltvolles Wissen und Know-how mit echtem Nutzwert an Menschen weiterzugeben, um in ihnen den Bedarf zu wecken, mehr von dieser Leistung in Anspruch zu nehmen.

Wann immer Du über ein Webinar-Thema nachdenkst, behalte stets im Hinterkopf, dass es sich um ein Seminar im Internet handelt. Stell Dir einfach vor, Du würdest ein

Seminar vor einem Auditorium in einem Tagungsraum halten. Im Kern ist es das Gleiche.

Würdest Du dort ausnahmslos von Deinem Unternehmen erzählen? Vermutlich eher nicht. Du möchtest die Leute neugierig machen, sie auf unterhaltsame Weise von Deinen Fähigkeiten überzeugen mit dem Ziel, dass sie Dir nach der Veranstaltung ihre Visitenkarte zur Kontaktaufnahme überreichen oder – noch besser – sofort einen Termin mit Dir vereinbaren, für ein Kennenlerngespräch. Oder, noch viel besser, um Dich zu buchen.

Und genau das ist es, worüber Du auch nachdenken solltest, wenn Du Webinar-Anbieter werden möchtest.

Kurz: Statt in der Anbieter-Sicht zu verharren, solltest Du die Perspektive wechseln und Dich in die Rolle des Nutzers, des Interessenten, des potenziellen Kunden hineinversetzen. Es ist kein Geheimnis, dass zwischen Anbieter und Abnehmer immer ein himmelweiter Unterschied in den Interessen liegt.

Der eine möchte Geld verdienen, der andere möglichst kostengünstig ein Problem gelöst oder ein Bedürfnis befriedigt bekommen. Erfolgreiche Anbieter kennen die Bedürfnisse ihrer Kunden und bieten immer die richtige Lösung an.

Das alles klingt für einige Leser sicherlich banal, es ist aber wichtig, sich diesen Umstand bewusst zu machen, um sich

Bedenke immer:
Kunden suchen entweder
nach **konkreten Produkten**
oder nach **Lösungen**
für ihre Herausforderungen.

Bei Letzterem können
Webinaranbieter

punkten.

für die Themenaufbereitung aufs passende Kommunikationslevel hochzufahren.

Vielleicht noch ein Beispiel dazu. Stell Dir vor, Du vertreibst einen Hightech-Rasenmäher. Das neuartige Schnittgerät düst geräuscharm, aber mit 27 Pferdestärken über die Grünanlage eines jeden Anwesens, ohne Spuren zu hinterlassen. Das Einzige, was nach seinem Einsatz auffällt, ist eine perfekt geschnittene Rasenfläche.

Du also bist der Verkäufer dieser Wahnsinnsmaschine. Wenn Du nun in einem Webinar ausschließlich die technischen Features herunterbetest und quasi aus der Gebrauchsanweisung vorliest, dann kannst Du ein noch so wunderbares Gerät präsentieren, Du wirst damit kaum ins Herz Deines Auditoriums treffen. Es entscheidet mit dem Kopf: zu teuer. Wir können sicher davon ausgehen, dass die Rasenmäher-Wundermaschine einen stolzen Preis haben wird, ganz bestimmt sogar. Und dieser lässt sich ausschließlich mit technischen Daten nicht rechtfertigen.

Such stattdessen nach Superlativen: besonders leise, Akku mit viel Energie und kurzer Ladedauer, besonders leichter Rasenmäher – und so weiter.

Und dann verbinde diese technischen Eigenschaften mit interessanten Geschichten. Erzähl davon, welch grandiose

Erfahrungen Kunden schon damit gemacht haben. Verdeutliche nachvollziehbare Vorteile, z. B. die Zeitersparnis, über die sich Kunden freuen können.

Alle Produkteigenschaften sind lediglich Mittel zum Zweck, um Kundenprobleme schnellst- und bestmöglich zu lösen. Es geht also immer darum, dass Du die gesuchte Lösung eines Problems aus der Sicht Deines Kunden ansprichst und entsprechend formulierst.

»Dieser Rasenmäher kann – weil er so leise ist – auch am Sonntag zum Einsatz kommen«: Bei einem solchen Nutzerversprechen werden die Augen der Zielgruppe aufleuchten. Von dem Verbot, das die Benutzung lauter Benzinrasenmäher am Sonntag untersagt, ist dieses Gerät also nicht betroffen. Anstatt davon zu sprechen, dass der Motor extrem stark ist, ließe sich das Argument vorbringen, dass der Rasenmäher auch hohes und nasses Gras problemlos schneidet.

Das richtige Webinar-Thema ist immer ein relevantes Thema. Es kann Sinn machen, zuvor in der Zielgruppe anzutesten, ob das Thema tragfähig ist, indem man ein wenig darüber plaudert. Du könntest einen kleinen Beitrag in den sozialen Medien, in Blogs oder Foren zum Besten geben und die Resonanz abwarten. So oder so: Wenn Dein Vorstoß Anklang findet, bist Du auf dem richtigen Weg.

Und es gibt auch genug Inspirationsquellen, um ein Thema auszuloten. Recherchiere einfach über die großen Suchmaschinen nach dem Kernthema und hol Dir Ideen und Anregungen, was dazu schon gedacht, geschrieben und gefilmt wurde.

Wir müssen nicht beim Rasenmäher bleiben. Für andere Zielgruppen sind sicherlich diese Keywords interessanter: »Abnehmen«, »Altersvorsorge«, »Immobilienkauf«, »Schneller lesen« – die Liste der möglichen Themen ist lang und unendlich erweiterbar.

Ein kleiner Tipp noch am Rande. Mit der Funktion »Auto-Vervollständigen« geben bestimmte Suchmaschinen einzelne Suchbegriffe vor. Es könnte sein, dass das Begriffe sind, die besonders häufig gesucht werden. Daran kannst Du Dich z. B. orientieren, wenn es um die Wahl des Titels geht.

Schritt 2: Gib Deinem Webinar den richtigen Namen

Wenn Du bei Google nach »Abnehmen« suchst, dann könnte Dir »Abnehmen leicht gemacht« angezeigt werden oder »Abnehmen mit Sport«, »Abnehmen mit Genuss« oder »Abnehmen nach Schwangerschaft«. Klingt doch nach soliden Webinarthemen, oder?

Die Kombination von Angebot und Themen- bzw. Anwendungsgebieten macht das Webinar erst so richtig spannend.

Wenn Du Dein Thema in einer Nische ansiedelst, hast Du damit größere Aussichten auf Erfolg, als wenn Du über Allgemeinplätze, Bekanntes oder eben nur über Deine eigenen Angebote sprichst. Je spezieller das Thema, je spannender angerissen, desto größer die Erfolgsaussichten.

Das Thema »Abnehmen« solltest Du beispielsweise nicht einfach mit der Zielgruppe Frauen kombinieren, sondern mit Frauen in den Wechseljahren oder mit Teenagern.
Aufmerksamkeit im Finanzsektor erhält derjenige, der nachvollziehbar und nachprüfbar über ein Produkt referiert, das sowohl sehr »sicher« als auch »renditestark« ist. Es wird Interessenten geben, die nach Sicherheit suchen, andere kann man hauptsächlich mit Renditestärke locken. Das Webinar sollte dann mit Tiefgang auch dieses Thema beleuchten. So – und nur so – wirst Du großes Interesse erzielen.

Man sagt: »Ohne die richtige Verpackung bleibt selbst der beste Inhalt ungesehen.« Diese Verpackung ist bei einem Webinar in allererster Linie der richtige Webinar-Titel.
Je vielversprechender der Titel, desto höher die Wahrscheinlichkeit, Interessenten neugierig auf ein Webinar zu machen.

Doch wie findet man den richtigen Webinar-Titel? Generell gilt: Er sollte natürlich zum Inhalt des Webinars passen. Es macht keinen Sinn, bei den Teilnehmern die Hoffnung auf eine super Lösung zu wecken und dann über etwas völlig anderes zu sprechen. Das wird mit Ausstiegen sanktioniert. Es geht nicht darum, die Teilnehmer hinters Licht zu führen, sondern sie ganz im Gegenteil wirklich mitzunehmen.

Geh bei der Titelwahl vor allem auf Wünsche, Ängste und Bedürfnisse Deiner potenziellen Kunden ein. Wähl das Motiv Leidenschaft oder heb den Leidensdruck Deiner Zielgruppe hervor.

Hierbei gibt es die beiden wesentlichen Strategien oder Zielrichtungen:
a) Lustgewinn und
b) Schmerzvermeidung.

Selbst wenn Du es persönlich nicht präferierst, reißerisch zu argumentieren, so hat sich diese Art durchgesetzt.
Dabei ist die Schmerzvermeidung für die meisten Menschen ein größerer Motivationshebel als der Lustgewinn.

Bei der Strategie bzw. Zielsetzung »Lustgewinn« wird eine klare Verbesserung der Situation in Aussicht gestellt.
Ein entsprechender Webinar-Titel könnte lauten: »So schaffst Du es spielend leicht, Dich in 5 Wochen dauerhaft

von 10 Kilo zu befreien«. Oder: »Sorge vor der Rente ade – so können Sie mit 100 Euro monatlich in den nächsten 15 Jahren ein Vermögen aufbauen«.

Bei der Strategie bzw. Zielsetzung »Schmerzvermeidung« hingegen sprichst Du die Ängste Deiner potenziellen Kunden an, auch ihre Angst vor Fehlern.

Ein Webinartitel könnte hier lauten: »Die 5 größten Risiken beim Abschluss einer Lebensversicherung«, »Die 3 größten Fehler beim Abschluss einer Lebensversicherung«. Oder »Die 10 fatalsten Fehler, die bei Australienreisen begangen werden«.

Vielleicht merkst Du es selbst an Deiner körperlichen Abwehrhaltung, dass das Fehlerthema stärker wirkt. Das ist genetisch bedingt. Der Selbsterhaltungstrieb springt an, und man wird aufmerksam – um schwerwiegende Fehler und Gefahrenquellen auszuschalten. Die Strategie/Zielsetzung »Schmerzvermeidung« kann also stärker fokussiert werden.

Keine Angst, wenn Dir das zu einfach erscheint oder »bauernfängerisch« vorkommt. Die Erfahrung zeigt: Es funktioniert.

Jetzt, da die grobe Marschrichtung klar ist, geht es um die konkrete Titelsuche. Berücksichtige in jedem Fall die

Funktion »Auto-Vervollständigen« der Suchmaschinen und verbinde die gefundenen Schlagworte präzise mit Deinem Thema.

Kehren wir noch mal zurück zum Beispiel mit dem Abnehmen. Folgende Suchvorschläge stehen etwa zur Wahl:

- »Abnehmen leicht gemacht«
- »Abnehmen mit Sport«
- »Abnehmen mit Genuss«
- »Abnehmen nach Schwangerschaft«.

Das sind konkrete Anhaltspunkte und helfen bei der Titelwahl für das passende Webinar-Thema.

Richtige – und auch funktionierende – Webinar-Titel würden demgemäß lauten:

- »In diesem Webinar erfahren Sie die 5 größten Fehler derer, die ›leicht abnehmen‹ wollen«
- »In diesem Webinar enthülle ich die 3 verhängnisvollsten Gefahrenquellen bei dem Versprechen, ›leicht abzunehmen‹«
- »Diese 5 fatalen Fehler machen die meisten Menschen, wenn sie mit Sport abnehmen möchten«
- »Das sind die 3 schlimmsten Fehler, die Sie beim Abnehmen nach einer Schwangerschaft machen können!«

- »So vermeidest du die 5 größten Fehler bei einem Abnehmen mit Genuss«
- »So vermeiden Sie die 3 fatalsten Fehler beim Abnehmen nach einer Schwangerschaft«.

Mit der Zielsetzung, Deinen Kunden eine klare Verbesserung in Aussicht zu stellen, lauten die möglichen Webinar-Titel dann:

- »Mit diesen 3 einfachen Tipps gelingt auch dir ein spielend leichtes Abnehmen«
- »Ich zeige Ihnen, wie auch Sie mit 3 einfachen Tricks in 5 Wochen spielend leicht 10 Kilo abnehmen«
- »In diesem Webinar erfahren Sie, wie Sie in nur 3 Monaten nach der Schwangerschaft ohne den Besuch eines Fitnessstudios Ihr Traumgewicht wieder erreichen«.

Und ein letzter Tipp noch zum Thema Inhalte und Titelwahl: Achte immer auf eine klare Botschaft. Es macht keinen Sinn, wenn Du die Leute komplett überlädst.

Nichts und niemand hindert Dich daran, aus einem besonders umfangreichen Thema zwei oder drei spezielle Webinare zu kreieren, um Deine Zielgruppe mit deren spezifischen Bedürfnissen und/oder Ängsten so präzise wie möglich anzusprechen. Diese zielgruppenspezifische Relevanz sollte

Fazit:

Bei der Schmerzvermeidung stellst Du immer die drei oder fünf schlimmsten, größten, fatalsten Fehler in den Vordergrund, die Deine Kunden machen können. Beim In-Aussicht-Stellen einer Verbesserung der gegenwärtigen Situation kannst Du nahezu immer mit folgender Blaupause arbeiten:

»Ich zeige dir/Ihnen, wie du/Sie XX (gewünschtes Ziel) in YY (Zeitraum) mit/ohne ZZ (Strategie bzw. Aufwand) erreichst/erreichen«

Also:

»Ich zeige Ihnen, wie Sie ein dauerhaftes Abnehmen in nur 5 Wochen einzig mit 1 Stunde Bewegung am Tag erreichen«

»Ich zeige Ihnen, wie Sie ein dauerhaftes Abnehmen in nur 5 Wochen ohne eine einzige Stunde Bewegung am Tag erreichen«

»Ich zeige Ihnen, wie Sie ein dauerhaftes Abnehmen in nur 5 Wochen ohne Verzicht auf gutes Essen erreichen«

Nicht vergessen: Blaupausen sollten immer modifiziert werden. Hier wird nur eine grobe Marschrichtung dargestellt.

sich auch – und vor allem – im Webinar-Titel wiederfinden. Je genauer Du Deine Zielgruppe hier ansprichst, desto größer ist die Wahrscheinlichkeit, dass sie Dir folgt.

Das letzte Beispiel dazu ist an den Haaren herbeigezogen. Die bewusste Überspitzung soll noch einmal verdeutlichen, wie stark der Webinartitel in eine bestimmte Nische zielen muss, um zu performen:

♦ »Ich zeige dir, wie du als Bäckerlehrling ein 6-stelliges Vermögen in nur 20 Jahren mit gerade mal 50 Euro monatlich aufbauen kannst«.

Schritt 3: Plane Dein Webinar

Ein gutes Webinar ist nicht nur *wie* ein guter Film, es *ist* ein guter Film. Gleich von Anfang an muss das Interesse beim Zuschauer rapide ansteigen – der Spannungsbogen muss stimmen, es muss Dir gelingen, die Leute mit Deinen ersten Sätzen ins Geschehen zu ziehen. Dafür brauchst Du eine klare Botschaft und klare Strukturen. Klingt kompliziert – aber *don't panic:* Wir brauchen ein Drehbuch. Und eine Vorlage liefere ich Dir.

Generell gliedert sich ein Drehbuch in Einleitung und Hauptteil – und zu guter Letzt endet es mit dem Schluss. Zum Ende gehen wir beim Webinar mit einer Handlungsaufforderung

auf den Teilnehmer zu und bieten ihm die Lösung seines Problems an. Je geladener er das Webinar verfolgte, desto empfänglicher ist er für die Botschaft – Dein Angebot.
Gehen wir etwas mehr in die Tiefe:

a) Die Einleitung:

Du baust Spannung auf. Ziel der Einleitung ist, in einem ersten Schritt Interesse für das Webinar zu generieren, das Thema aufzuladen.

Ein Kardinalfehler vieler unerfahrener Webinar-Anbieter: Sie lassen der Story keinen Raum, schwenken aus Unsicherheit zu schnell auf das Produkt über. Das kann zu Langeweile und zum Ausstieg führen.
Versetz Dich in die Lage Deiner Teilnehmer: Sie wollen ihr ureigenes Problem oder Anliegen gelöst haben. Sie wollen keine Bohrmaschine kaufen, sondern lediglich das Loch in der Wand, um ein Bild aufzuhängen. Einzig dieses Anliegen, dieses Problem und die Aussicht auf die Lösung des Problems sorgen dafür, dass sie Dir – oder besser Deiner Stimme – lauschen.

Bleib also am Thema. Sprich über das Problem oder eben über das Bedürfnis, das den Kern des Webinars ausmacht. Geh tief rein ins Thema, beleuchte es aus allen Ecken, gewinn

Die **Teilnehmer** müssen erkennen und wissen, dass Du **einer von ihnen** bist.

Deine Zuhörer emotional. Berichte anschaulich, mit Bildern und Beispielen, bei denen Dir mindestens acht von zehn Leuten folgen können.

Erörtere, wie frustrierend es für Dich war, als Du Dich viele Jahre nicht vom Übergewicht befreien konntest. Erklär, wie anstrengend es ist, einen Text zehn Mal zu lesen und ihn nicht zu behalten. Zeichne ein Bild davon, was passiert, wenn man auf eine falsche Altersvorsorge setzt oder Geld für eine unpassende Immobilie ausgibt. Oder wenn man gar nichts unternimmt – aus Angst vor einer falschen Entscheidung.

Sprich dabei auch das »Problem hinter dem Problem« an. Dass es beim Abnehmen nicht nur um ein paar Kilo geht, sondern letztlich um so Dinge wie Selbstwertgefühl, Selbstvertrauen und das Gefühl, attraktiv zu sein oder eben nicht.

Scheu Dich nicht, dabei etwas pathetisch zu werden. Zeig Dich verständnisvoll. Mit gutem Recht: Du hast das alles erlebt – Du bist der Experte oder die Expertin. Nur so stiftest Du Identifikation – neben Spannung und Brisanz der Themen ist das substanziell.
Die Teilnehmer müssen erkennen und wissen, dass Du einer von ihnen bist. Dass auch Du Probleme, Ängste, Sorgen und Frustrationen kennst – so wie sie. Doch anders als

sie bislang, hast Du die Probleme lösen können. Du hast geschafft, wovon sie träumen. Damit baust Du eine Brücke vom Bedarf zum Angebot. Deswegen bist Du für Deine Teilnehmer so wertvoll.

Bau Deine persönliche »Heldenreise« in ihr Weltbild. Überspitzt (aber nicht böse gemeint!): vom Säufer zum Läufer, von der Null zum Überflieger, vom kleinen Angestellten, der nie Geld zum Leben hatte, zum Millionär.
Nimm Dein Thema und dramatisiere es, als würdest Du einen spannenden Hollywood-Streifen daraus produzieren wollen.

Halt die Erzähltemperatur auf dem Maximum. Nimm das Publikum mit und sprich darüber, wie es Dir unter »Schmerzen« dann doch gelungen ist, endlich 40 Kilo abzunehmen. Oder wie Du, ohne auf die Ratschläge Deines Hausbank-Beraters zu hören, ein Vermögen aufgebaut hast; oder wie Du viele Neukunden gewonnen hast, ohne selbst dafür aktiv tätig zu werden.

Lass keine Information aus. Sprich darüber, wie gut Du Dich seitdem fühlst, mit welchem Selbstwertgefühl Du glänzt und wie leicht Dir heute das Treppensteigen fällt. Du hast Dir Deinen Traum erfüllt. Lass keine Zweifel daran offen.

Bei der Einleitung erzeugst Du Emotionen aus zwei wesentlichen Gründen:

◆ Du erzeugst Spannung bei den Teilnehmern und ein tiefer gehendes Interesse am Thema. Wichtig ist es dabei, die Leute richtig abzuholen: in der Seele, in der Brust, im Herzen.

◆ Du verbindest Dein Angebot mit dem Thema Deiner Teilnehmer. Du schlägst eine Brücke, und Dein Zuhörer betritt sie, um sie mit Dir als ehemaligem Leidensgenossen zu überqueren und wie Du selbst am Ziel anzukommen. Damit baust Du Vertrauen auf. Vertrauen der Teilnehmer in Deine Fähigkeiten und Erfahrungen. Du kennst die Lösung. Und sie brauchen einen Reiseführer für ihr Problem. So einfach ist das.

Und genau an dieser Stelle, nicht früher, kannst Du dann die Überleitung zum Hauptteil anbringen und Dich kurz und möglichst präzise vorstellen. Sprich von Dir als Mensch, füge ein Bild von Deinen Werten, Deiner beruflichen Vergangenheit, Deinen Hobbys oder Deiner Familie hinzu und reiß kurz an, was Dich als Experten ausmacht.
Nicht vergessen: In der Kürze liegt die Würze. Selbstdarsteller gibt es zur Genüge, vor denen sich die Türen verschließen,

weil sie sich zu gerne über sich selbst sprechen hören. Bleib selbstbewusst, aber sprich smart über Dich und leite zügig über zum Hauptteil.

b) Der Hauptteil:

Der Hauptteil ist im Wesentlichen von Content bestimmt – die Emotionen verfliegen. An ihre Stelle treten wertvolle Inhalte und konkrete Lösungstipps für die Teilnehmer.

Gliedere den Hauptteil zum Beispiel in fünf Tipps, die Du nacheinander vorstellst und mit denen Du konkrete Lösungsansätze für das Kernproblem aufzeigst.

Das kann eine Step-by-step-Anleitung sein, bei der ein Schritt auf dem anderen aufbaut – oder fünf unterschiedliche Ratschläge. Wichtig ist nur, dass die Lösungen gehaltvoll und innovativ sind – keine Binsenweisheiten.

Fürs bessere Verständnis: Stell dar, wie
- ◆ Du kontinuierlich Neukunden gewinnst
- ◆ wie Deine Teilnehmer in einem bestimmten Zeitraum X Kilo abnehmen
- ◆ wie »kleine Angestellte« Vermögen aufbauen können …

… und so weiter.

Der Hauptteil ist wie der Appetithappen an der Käsetheke oder beim Konditor – die Leute lassen sich das Probierteil auf der Zunge zergehen und beißen in aller Regel dann auch an. Mehr Tiefgang erhöht die Wahrscheinlichkeit erfolgreicher Abschlüsse, einfach weil die Leute mehr davon haben wollen. Folgender Gedankengang bildet sich bei den Teilnehmern hinter deren Stirn: »Wenn ich diese Tipps hier schon kostenlos erhalte, was passiert dann erst, wenn ich Geld dafür ausgebe?«

Deswegen mit Wissen nicht sparen. Das Webinar ist die Vorspeise, den Hauptgang gibt es nur gegen Bezahlung. Du brauchst nicht zu befürchten, dass die Teilnehmer sich »gesättigt« abwenden.

Ganz im Gegenteil. Du sprichst über ihr Thema, und das ist mit Deinen fünf Hinweisen noch lange nicht abschließend behandelt. Und den Trumpf hast Du bis zum Schlussteil in der Hand, und Du wirst ihn – auch wenn es sich um ein Verkaufs-Webinar handelt – nicht vorzeitig ziehen: Dein Produkt.
Nimm es Dir zu Herzen: Im Hauptteil wird nicht über Dein Angebot gesprochen. An dieser Stelle sind die Leute noch nicht bereit dazu. Mit dem Hauptteil baust Du die Bühne für Dein Produkt oder Deine Dienstleistung. Welcher

Bühnenstar würde sich seinem Publikum präsentieren, wenn die Arbeiter noch die Schrauben festziehen und das Rampenlicht noch nicht leuchtet?

Nutze die Aufbauzeit und vertiefe mit Deinem Wissen das Vertrauen der Teilnehmer in Dich. Du kannst natürlich mit Deinen Hinweisen und Ratschlägen, mit gekonnt gewählten Geschichten die Problematik exakt verdeutlichen.

Wenn Du aber dann auf die Lösung kommst, lässt Du mitschwingen, dass sie aufwendig und nicht so einfach ist, wie man sich das wünschen würde und wie die Teilnehmer im ersten Moment vielleicht geglaubt oder gehofft hätten.

Dabei ist Fingerspitzengefühl gefragt. Doch wenn Dir diese Gratwanderung gelingt, dann hast Du die perfekte Bühne für den großen Showdown.

c) Der Schlussteil:

Im Schlussteil geht es nun darum, den Teilnehmern zu zeigen, wie sie die genannten Tipps in die Praxis umsetzen.

Du erklärst am Ende also, was die Teilnehmer für sich tun sollten (oder Du für sie tun kannst), damit sie zum gewünschten Ergebnis gelangen. Das ist der Schlüssel zum Erfolg, das letzte Puzzleteil, der Baustein, der zur Vollendung führt: Der Weg zum tatsächlichen Erfolg besteht darin, dass der Teilnehmer Dein Produkt, Deine Lösung kauft. Ob das eine

Software ist, mit der man Zeit einspart oder die Führungs-
kräfte entlastet, ob ein Coachingprogramm, das die Teilnehmer buchen, um sich bei der Umsetzung ihrer Herausforderungen führen zu lassen – oder was immer Du anbietest.
Vielleicht nehmen die Teilnehmer ja auch Kontakt zu Dir
auf, um konkrete Pläne für den Vermögensaufbau zu erörtern, eine Traumimmobilie zu finden …

Hilfreich ist es, mit folgenden Worten (natürlich auf Dein
Business angepasst) auf Kopf und Herz gleichzeitig zu zielen: »Bei all den Tipps und wertvollen Dingen, die du im
Hauptteil erfahren hast, helfe ich dir mit XY bei der erfolg-
reichen Umsetzung/der Lösung deiner Herausforderung/
deines Anliegens.«

Dabei heißt es: Nicht kleckern, sondern klotzen. Keine falsche Bescheidenheit, bitte! Zurückhaltung ist nicht höflich,
sondern wäre töricht. Du bist der Experte, die Expertin. Du
hast die Fachkenntnisse, und diese bringst Du gerne zur
Anwendung.

Formuliere Dein Unterstützungsangebot kurz, knapp und
präzise und achte darauf, dass es ein Schlussteil bleibt
und nicht ein zweiter Hauptteil wird. Red Dich nicht um
Kopf und Kragen – sondern erkläre souverän. Platziere im

Schlussteil idealerweise dreimal Dein Angebot – und zwar gekonnt, jedes Mal mit anderen Worten, fließend. Und vergiss die Handlungsaufforderung nicht, die beispielsweise so, oder so ähnlich, lauten kann: »Wenn du deine Herausforderung ein für alle Male lösen möchtest, dann ebnet XY den perfekten Weg dafür.«

Verbinde die Handlungsaufforderung für ein Angebot mit einer Verknappung, einer Limitierung: nur soundso viele Stunden/Tage verfügbar, begrenzte Plätze, Einschränkungen nach der und der Zeit, und so weiter. Damit gibst Du dem Webinar-Teilnehmer zu verstehen, dass Dein Angebot schnell ausverkauft sein kann, und motivierst ihn, zeitnah Entscheidungen zu treffen, statt diese auf die lange Bank zu schieben. Du könntest einen Sonderpreis bieten, der nur für einen kurzen Zeitraum verfügbar ist. Und wer davon profitieren möchte, sollte sich diese Chance nicht durch Unentschlossenheit entgehen lassen. Die Angst, etwas zu verpassen, sich ein wirklich gutes Angebot entgehen zu lassen, zu spät zuzuschlagen – denk an Flugzeug und Bahn –, wird nach der emotionalen Bindung entfesselt. Verknappung bzw. Limitierung ist ein wichtiges Werkzeug.

Diese Drehbuchvorlage solltest Du beherzigen, wenn Du Dein Webinar planst und gestaltest. Schließlich entwirfst Du es nicht als Selbstzweck – es soll zum gewünschten Erfolg führen. Halt Dich also grundsätzlich unbedingt an diesen Fahrplan.

Mit welchen Worten Du Dein Webinar ausgestaltest, bleibt Dir selbst überlassen.
Das ist auch sehr wichtig. Das Webinar sollte nicht abgekupfert wirken. Es muss authentisch sein, Deinen Sprachstil, Deinen Duktus aufweisen – zu Dir, Deiner Individualität, Deinem Unternehmen und zu Deiner Unternehmensphilosophie passen. Und natürlich auch zu Deiner Zielgruppe. Mach Dir das bewusst!

Deine Persönlichkeit ist der wesentliche Faktor, mit dem Du Dich von Deinen Wettbewerbern unterscheidest. Dieser Punkt ist nicht zu unterschätzen. Geschäfte werden zwischen Menschen gemacht. Und mit dem Webinar hast Du die vorzügliche Möglichkeit, Dich Deiner Zielgruppe entsprechend zu präsentieren. Der wichtigste Faktor für Deinen Unternehmenserfolg bist also Du selbst.

Steh zu dem, was Du machst, und verbieg Dich nicht für vermeintlich interessante Kunden. Die besten Kunden mögen Dich so, wie Du bist. Bleib stabil und steh wortwörtlich wie der Fels in der Brandung. Zeig Herz und verdeutliche, dass

Du mit Spaß an die Sache herangehst. Wenn Du Deine Zielgruppe begeistern willst, sprich ihre Sprache – die, die zu Dir und zu ihr passt.

Das beginnt schon damit, dass Du entscheidest, ob Du Deine Teilnehmer duzt oder siezt. Ich als Mittdreißiger, der gelernt hat, dass einen Suchmaschinen, aber auch prominente Selbstbau-Möbelhäuser und Fast-Food-Ketten duzen, gibt das gern weiter. Ich bin der Meinung, dass ich hier und in meinen Tutorials mit dem »Du« die richtige Wahl getroffen habe.

Für die Sprache, die Du beim Webinar zum Einsatz bringst, gibt es kein Patentrezept, keine Master-Lösung.

Während ein Rechtsanwalt oder Arzt besser auf Distanz bleibt, um dem Bild gerecht zu werden, das seine Zielgruppe im normalen Leben von ihm hat, können »Teckies«, die Software erklären, natürlich auch eine legere Sprache verwenden. Der eine nutzt Fachbegriffe, der andere vermeidet sie. Die einen enthüllen Geheimnisse, die anderen erörtern »unbekannte Zusammenhänge« oder »wissenschaftlich erwiesene Umsetzungstipps«. All das hat seine Berechtigung, wenn es zum Webinar-Thema passt und am Ende erfolgreich ist.

Fühl Dich bei der Planung und Ausgestaltung Deines Drehbuchs frei und setz es mit viel Spaß um.

Schritt 4: Erstell Dein automatisiertes Webinar

Sobald Du mit Deinem Drehbuch die Grundlage für Dein automatisiertes Webinar geschaffen hast, ist der wichtigste Teil der Arbeit erledigt. Nun geht es darum, den Texten Leben einzuhauchen.

Auch dabei gibt es grundverschiedene Ansätze. Die einen kleben geradezu am Skript und setzen es Wort für Wort, Satz für Satz um – sie halten sich beim Webinar-Vortrag so eng wie möglich an ihre Vorlage. Die anderen greifen auf einzelne Kernelemente und Übergänge zurück, um auf deren Grundlage das Webinar mehr oder weniger frei zu halten. Auch das ist Geschmackssache und richtet sich nach Fähigkeiten und Vorlieben des Sprechers. Die Präsentation sollte jedoch möglichst herzlich sein – es sollte ein lebendiges Webinar werden, keine Leierkasten-Darbietung.

Das bedeutet: So wie Du bei einem freien Vortrag nicht den Faden verlieren darfst, darfst Du umgekehrt ein ausformuliertes Skript nicht monoton ablesen. So etwas ermüdet Webinar-Teilnehmer. Scheu nicht davor zurück, an den dramatischen Stellen (wenn es um Schmerzen oder um Glücksgefühle über die gefundene Lösung geht) auch dramatisch zu sprechen und die wichtigen Stellen Deines Webinars entsprechend zu betonen.

Denk dran, es ist eine Aufzeichnung, kein Live-Webinar. Wirf auf der anderen Seite Deinen Perfektionismus über Bord und verzage nicht, wenn sich mal ein »Äh« in den Text einschleicht. Allerdings sollte der Vortrag nicht davon dominiert sein. Ein paar winzige Aussetzer zwischendurch machen die Präsentation menschlich und sympathisch.

Zusätzlich zu Deinem Skript benötigst Du noch die Power-Point-Folien mit den Kernaussagen Deines Webinars. Vielleicht gibt es auch Tabellen oder Testimonials. In jedem Fall sollten Bilder enthalten sein.
Verzichte aber dringend darauf, Deinen Zuhörern »betreutes Lesen« zuzumuten. Das bedeutet: Was auf den Folien über den Bildschirm rauscht, muss nicht eins zu eins abgelesen werden.

Die Folien unterstützen Deine Zuschauer und helfen ihnen dabei, sich zu merken, was im Webinar gerade wichtig ist. Sie sollten nicht ablenken, blende sie also dosiert ein.

Und vor allem müssen sie gut und einfach lesbar sein. Für die Kernsätze, die gerne in schwarzer Schrift auf weißem Grund präsentiert werden dürfen, gilt als Faustformel: Pro Abschnitt, über den Du sprichst, eine Überschrift und maximal zwei, drei Sätze. Bitte nicht mehr.

Für die Erstellung Deines automatisierten Webinars bieten sich Dir nun zwei Möglichkeiten:

a) Du hältst ein Live-Webinar und zeichnest es auf.
Bei Bedarf lässt sich die Aufzeichnung im Videoformat noch nachbearbeiten. Mit der finalen Aufzeichnung hast Du die Grundlage, Dein automatisiertes Webinar bei *Webinaris* hochzuladen.

Beachte bitte: Auch wenn sich der Mitschnitt eines Live-Webinars leicht realisieren lässt, empfehlen wir diese Produktionsart nicht unbedingt. Die Erfahrung zeigt, dass der Veranstalter – gerade zu Beginn einer Webinar-Karriere – bei einem Live-Webinar mit den Gedanken zu sehr bei den Teilnehmern und zu wenig beim eigenen Vortrag ist. Nervosität ist kein guter Begleiter – darunter leidet die Performance und damit die Qualität des Webinars.

Deswegen geht meine Empfehlung ganz klar zu Option Nummer zwei:

b) Du produzierst das Webinar im »stillen Kämmerlein«.
Zieh Dich zurück, setz Dich ungestört vor Deinen Rechner und halt dort Dein Webinar. Arbeite Punkt für Punkt Dein Drehbuch ab, zeig an den entsprechenden Stellen die

93

passenden Folien und erzähl, was Du zu sagen hast. Stell Dir vor, es handle sich um die Generalprobe zu einem Live-Webinar. Nimm sie ernst, aber Dich nicht zu ernst.

Zeichne Deine Ausführungen mit einer sogenannten Screencam-Software auf, die festhält, welche Folien Du am Bildschirm präsentierst und was Du dazu sprichst. Somit entsteht Minute für Minute Dein Webinar-Video, das sich mit Abschluss der Aufnahme noch entsprechend nachbearbeiten lässt.

Einzelne Stellen können neu eingesprochen, Folien versetzt oder gegen bessere ausgetauscht werden, und so weiter. Erst wenn Du das Ergebnis erzielt hast, das Dir vorschwebt, setzt Du einen Haken unter die Sache.

Vergiss auch eines nicht: Die Webinarteilnehmer erwarten Hintergrundgeräusche – es ist ja im Prinzip eine Live-Aufnahme. Rauschen bis zur absoluten Perfektion zu unterdrücken oder alles herauszuschneiden, was darauf hindeuten könnte, dass Du ein Live-Webinar hältst, könnte kontraproduktiv sein. Niemand erwartet eine fehlerfreie Buchlesung. Je näher Dein Webinarvideo einem erwartet »normalen«, persönlichen Vortrag kommt, desto besser.

Für Dich besteht die Möglichkeit, an diesem Webinar vor der Veröffentlichung so lange zu feilen, bis es perfekt, weil authentisch ist. »Perfekt« bedeutet in diesem Zusammenhang, dass Dein Webinar auch einmal ein Räuspern, ein paar »Ähs« oder kleine Versprecher enthalten darf, sogar sollte, damit es nicht glattgezogen wirkt. Je stärker sich Dein Webinar einem echten Vortrag annähert, so wie im wirklichen Leben, desto besser kannst Du das Auditorium, Deine Zuhörerschaft überzeugen.

Das fertig produzierte Video lädst Du dann auf der *Webinaris*-Plattform hoch und verbindest es mit den gewünschten Terminen: z. B. montags immer um 10 und 18 Uhr, dienstags um 11 und 19 Uhr, mittwochs gar nicht, donnerstags dafür alle zwei Stunden, und so weiter.

E-Mails müssen eingerichtet werden, das funktioniert alles über die Menüführung. Natürlich lässt sich das Webinar auch mit einem externen Autoresponder oder einer externen Landing-Page verknüpfen.

Es ist an alles gedacht: Automatisierte Webinare erleichtern das Leben ungemein. Dazu gehört beispielsweise auch, dass eine automatische Erkennung unterschiedlicher Zeitzonen erfolgt. Ein Teilnehmer in Amerika sieht sein Webinar zu einer anderen Zeit an, als wenn er sich in Deutschland aufhalten würde.

»Ich bin nicht besonders telegen.
Muss ich mich selbst vor die Kamera stellen?«

Nein, sich vor die Kamera zu stellen ist überhaupt nicht erforderlich. Ich sehe darin auch eher ein Hindernis als einen Vorteil.

Ich selbst habe viele Erfahrungen im Eins-zu-eins-Verkauf gesammelt. Ich saß damals in den verschiedensten Wohnzimmern und habe den Leuten unterschiedliche Produkte angeboten.

Ich muss sagen, virtuell zu verkaufen ist wesentlich leichter. Dazu muss man nicht unbedingt live zu sehen sein. Die Leute sollen sich ja aufs Thema konzentrieren. Sie lauschen der Stimme und sehen sich Bilder an, das genügt völlig. Ähnlich wie am Telefon kann ich mich als Webinar-Anbieter bei der Produktion ganz auf meine Inhalte und das Lenken meiner Stimme konzentrieren. Hier liegt auch der Vorteil gegenüber dem Telemarketing, bei dem man dem Angerufenen oder dem Anrufer am anderen Ende der Leitung Rede und Antwort stehen muss.

Also kurz: Es ist völlig in Ordnung, dem Webinar-Teilnehmer das eigene Konterfei vorzuenthalten und stattdessen eine bebilderte Präsentation zu kommentieren. Somit entfällt die Herausforderung, als Untrainierter auf Körpersprache,

Mimik und Gestik achten zu müssen. Dadurch werden ja unglaublich viele – manchmal auch unbeabsichtigte – Emotionen beim Empfänger freigesetzt.

Was tun bei Berührungsängsten?

Manche Menschen haben gerade am Anfang, wenn sie etwas Neues starten, Vorbehalte und Berührungsängste. Ich behandle dieses Thema hier sehr offensiv, weil ich weiß, dass so etwas einige davon abhalten könnte, automatisierte Webinare zu nutzen, obwohl die Vorteile lupenrein auf der Hand liegen.

Wenn Du Dich für automatisierte Webinare interessierst, diese gerne zum Einsatz bringen möchtest, aber nicht so richtig weißt, ob Du mit der Produktion Deines ersten Webinars beginnen sollst, dann möchte ich Dir hier Folgendes sagen: Du bewegst Dich mit dem Webinar im Internet. Von Dir wird weder verlangt, den Telefonhörer in die Hand zu nehmen und jemanden anzurufen, um ihm etwas zu verkaufen, noch hast Du die Aufgabe, als sogenannter Hardseller einem Kunden sprichwörtlich an der Backe zu hängen.

Wechsle die Rolle und versteh Deine Aktivität als Wissensvermittlung. Natürlich hast Du mit dem Webinar die Absicht, Deine Angebote an den Mann oder die Frau zu bringen. Aber: »Im automatisierten Webinar bist Du eher Informant als Lieferant.« Diese Einstellung kann dabei helfen, Blockaden zu lösen.

Es gibt zahlreiche Menschen, die ihre eigene Stimme nicht so gut finden. Auch das ist kein Problem. Dann finde jemanden, der Deine Texte einspricht.

Bei einem Webinar spielen Dir die Bequemlichkeit der Menschen und die Anonymität des Internets in die Karten. Die Interessenten empfinden genau wegen dieser beiden Faktoren Dein Angebot als einen Segen. Und das wiederum ist Dein Vorteil: Denn nun werden Menschen auf Dich aufmerksam, die Du unter normalen Umständen draußen auf der Straße oder in Deinem Ladenlokal niemals kennengelernt hättest. Der Webinar-Teilnehmer freut sich im günstigsten Fall am erworbenen Wissen und ist von Deiner Art, mit der Du ihn durch das Webinar geführt hast, so angetan, dass er bereit ist, Dir sein Geld anzuvertrauen. Und Du freust Dich darüber, dass Du viel Zeit gespart hast und regelmäßig Aufträge aus den anonymen Weiten des Netzes in Deinem Postfach landen.

Im automatisierten Webinar finden vollumfängliche Verkaufs- und Informationsgespräche statt – in Ruhe, ohne nervösen Blick auf die Uhr und ohne Handlungsdruck, aber mit allem, was dazugehört: Problemverdeutlichung, angebotene Problemlösung, Vertrauensaufbau mit Dir im Expertenstatus, emotionale Schleifen. Alle haben Zeit ohne Ende – fünfzehn Minuten, dreißig, sechzig, neunzig oder noch mehr.

Weiterer Vorteil: Du hast durch die Anmeldung bereits Kontakt zu Deinen Webinarteilnehmern. Also zu Deinen Interessenten und potenziellen Kunden. Nun musst Du sie nur noch einfangen.

Wenn Du Dir diese Umstände bewusst machst und verstehst, dass die Menschen zu Dir kommen, weil sie von Dir lernen wollen, dann wirst Du einsehen: Sämtliche Vorbehalte, die Dich abhalten, ein Webinar zu machen, sind null und nichtig.

Versetz Dich in die Schulzeit zurück, als Du vor der Klasse Referat halten musstest. Es gab immer die Schüler, die das besonders gut gemacht haben.
Erinnere Dich an diejenigen, die den größten Applaus für ihren Vortrag bekommen haben. Das kannst Du auch. Denn heute bist Du erwachsen – ein gestandener Mann oder eine gestandene Frau.

Und Du kannst Deine Webinare so oft aufzeichnen, wie Du
möchtest, bevor Du sie veröffentlichst.

Probier es aus, teste, befrage Deine Familie, Verwandte und
Freunde, Kunden oder Lieferanten. Dann lad die allerbeste
Version hoch und starte.

Viel Spaß und Erfolg dabei!

Wie bewerbe ich mein Webinar?

Bei erklärungsbedürftigen Dienstleistungen geht es immer darum, die Menschen an einen Tisch zu bekommen. Und das ist heute die Herausforderung. Wer sich gegen Dienstleister aus dem Internet behaupten will, muss selbst ins Netz.

Mit knallhart formulierten Thesen kannst Du polarisieren und Aufmerksamkeit erzeugen. Doch dann musst Du auch mit Wissen und Tiefgang punkten.
Erste Anhaltspunkte, was die Menschen aus Deiner Zielgruppe interessiert, bekommst Du bei Google. Dort kannst Du Suchtrends ausfindig machen.

Welche Themen könnten etwa die Zielgruppe der Finanzdienstleister interessieren? Wie wäre es mit der Frage »Wie schafft man es heutzutage, eine Million Euro anzusparen«? Ein gleichnamiges Webinar ist der richtige Anlaufpunkt für Menschen, die sich über Vermögensaufbau informieren wollen.

Wer nach Trainingsplänen für die perfekte Sommerfigur recherchiert, dürfte auf den Fitnesscoach aus der Nachbarschaft aufmerksam werden, und ob es Qualitätsunterschiede zwischen Brillengläsern »made in Germany« und aus China gibt, erklärt der lokale Optiker aus der Einkaufsstraße in der Stadtmitte.

Ich habe nun ein Webinar im Kasten, wie komme ich an Kunden?

Ein junger Mann betritt das Solarium und wird von der Inhaberin freundlich begrüßt. Die Sonnenbank seiner Wahl ist noch besetzt, und so spendiert sie ihm ein Getränk seiner Wahl.

Auf dem Tisch entdeckt der Solarium-Kunde eine Einladungs-karte für ein sonniges Wochenende auf Mallorca. Er erkundigt sich nach dem Hintergrund und erfährt, dass das Solarium eine Kooperation mit dem hiesigen Reisebüro eingegangen ist. Unter allen Webinar-Teilnehmern verlost das Reisebüro Monat für Monat einen kostenlosen Kurztrip nach Mallorca.

»Im Webinar werden die interessantesten Orte auf der Insel por-trätiert, spannende Hintergrundinformationen vermittelt und eine Gastronomie vorgestellt, die als wahrer Geheimtipp gilt«, erklärt die Chefin und fügt hinzu: »Wenn du ein sonnenhungriger Typ bist, und danach sieht es aus, dann ist dieses Webinar genau das Richtige für dich. Es startet heute um 20 Uhr. Schau gern mal vorbei.«

Der Mann nickt interessiert, bedankt sich, fotografiert die Ein-ladung ab, bevor er sie ins Portemonnaie steckt, und bewegt sich in Richtung Sonnenbank.

Seine Kabine ist soeben frei geworden.

Das Solarium ist eine Kooperation mit dem Reiseanbieter aus der Innenstadt eingegangen. Für jeden Kunden, der eine Reise bucht, erhält die Chefin eine Provision.

Umgekehrt läuft es übrigens genauso. Während das Reisebüro Winterreisen vermarktet, laden die Mitarbeiter die Kunden zu einem Webinar ein, in dem die Vorteile von regelmäßiger Besonnung erörtert werden. Auch dieses Webinar ist mit einem Gewinnspiel verbunden.

Dazu einige grundsätzliche Überlegungen: Jeder Webinar-Anbieter braucht Traffic – oder, mit anderen Worten, Leute, die als Teilnehmer die Schulungsinhalte konsumieren. Denn das beste Webinar ist naturgemäß nichts wert, wenn es sich niemand ansieht.

Grundsätzlich gibt es zwei Ansätze, die Teilnehmerzahl drastisch zu erhöhen.
Erstens: Du nimmst Geld in die Hand und lenkst das Interesse über Anzeigen auf Dein Angebot. Das nennt man Performance-Marketing.
Verfügst Du (noch) nicht über die finanziellen Mittel, musst Du stattdessen Deine Zeit einsetzen und beispielsweise Dein Netzwerk aktivieren oder erst eines schaffen, um die Plätze im virtuellen Webinarraum zu füllen.

»Ich weiß,
die Hälfte meiner Werbung
ist hinausgeworfenes
Geld.

Ich weiß nur nicht,
welche Hälfte.«

Wenn wenig Marketingbudget zur Verfügung steht, kommst Du an »händischem« Vertrieb nicht vorbei: Netzwerk aktivieren, Bestandskunden kontaktieren, in Blogs kommentieren, telefonieren, informieren und Werbemittel generieren.

Unterm Strich: Wie viel Geld bleibt für Werbung?

Nun sollst Du erfahren, wie Du Deine Umsätze mit Webinaren kalkulieren kannst. Das ist wichtig, um zu wissen, wie viel Geld Du für das Re-Invest in die Hand nehmen solltest, um Deine Webinare zu bewerben und somit einen Grundstock an Teilnehmern aufzubauen, die für neues Geld in der Kasse sorgen. Denn heutzutage ist es möglich, Marketingaktivitäten perfekt zu berechnen und daraus die Umsätze zu kalkulieren.

Früher vertrat der viel zitierte Industrielle Henry Ford – und mit ihm unzählige andere Unternehmer – die Meinung: »Ich weiß, die Hälfte meiner Werbung ist hinausgeworfenes Geld. Ich weiß nur nicht, welche Hälfte.«

Daran hat sich einiges geändert. Denn im Zeitalter des Internetmarketing kann man vorher berechnen, was hinterher rauskommt.

Ich spreche hier vom Kaufmannsprinzip: Ich kaufe etwas möglichst günstig ein und schaue, dass ich es möglichst teurer verkaufe. In unserer Rechnung bedeutet das, dass ich möglichst günstig Besucher auf meiner Website einkaufe und dass ich mit den Besuchern mehr Geld verdiene, als mich der Einkauf kostet.

Ein Beispiel: Wenn ich 1000 Euro dafür investiere, dass Leute meine Website besuchen, müsste ich 2000 bis 3000 Euro Umsatz generieren, damit es sich für mich rentiert.

Mithilfe der Tracking-Tools kann ich ausrechnen, was ein Klick auf meine Landing-Page wert ist und wie viel Umsatz er mir im Endeffekt bringt. Aus den Erfahrungswerten lässt sich im Vorfeld berechnen, wie viel Geld ich in die Hand nehmen kann, um in Facebook-Werbung und Google Adwords zu investieren oder mich in sonstige Werbeplätze einzukaufen. Dazu ist es natürlich wichtig, dass ich meine Zahlen kenne. Mittels des »Dashboard« auf *Webinaris* haben die Nutzer immer einen Blick auf alle wichtigen Informationen. So sehen sie etwa: Wie viel Umsatz bringt mir der Aufruf meiner Landing-Page im Endeffekt? Oder auch: Wie viel Umsatz bringt es, wie viel Euro verdiene ich genau damit, wenn sich ein Teilnehmer zu meinem Webinar anmeldet? Wie viel verdiene ich mit Reaktionen im Webinarraum? Ich kann das Ganze bis ins kleinste Detail ausrechnen und definieren, und das gibt Planungssicherheit.

Bevor es weiter ans Eingemachte geht, soll sich hier die Definition des Fachbegriffs »Conversion Rate« anschließen. Ein Begriff, der angehenden Internetmarketern immer wieder begegnet und wohl der wichtigste, um den sich letztlich alles dreht. Was ist das nun eigentlich?

Ganz einfach: Ich verfüge über eine Grundgesamtheit einer bestimmten Menge »a«. Darauf führe ich eine Marketingaktivität aus und erhalte dadurch die Menge »b«. Die Conversion Rate ist dabei das Verhältnis zwischen »a« und »b«.

Ein Beispiel: Ich habe 20 000 Interessenten an einem bestimmten Angebot und kann aus ihnen beispielsweise insgesamt 10 000 Kunden generieren. (Unter »Interessenten« verstehe ich hier z. B. Leute, die sich auf meiner Website eingetragen oder bei einem Gewinnspiel mitgemacht haben, die schon in meinem Laden waren oder die auf andere Weise mit meinem Angebot in Berührung gekommen sind. »Kunden« sind dagegen naturgemäß die Leute, die real Geld ausgeben.) Die Interessenten in Kunden zu verwandeln ist das Ziel eines jeden Unternehmers. Und wie groß mein Erfolg bei diesem Bemühen ist, genau das bildet die Conversion Rate ab. Wenn aus 20 000 Interessenten 10 000 Kunden werden, liegt meine Conversion Rate bei 50 Prozent. Ergo: Jeder Zweite kauft.

Die mathematische Formel lautet:

$$\text{Conversion Rate (CR)} = \frac{\text{Anzahl (der Handlungen)} \times 100}{\text{Anzahl der Interessenten}}$$

Wenn sich nun also 100 Besucher auf meiner Website informieren und 50 melden sich für das Webinar an, habe ich ebenfalls eine Conversion Rate von 50 Prozent erzielt.

Wenn ich es schaffe, dass 1000 Besucher meine Website unter die Lupe nehmen, doch es melden sich nur 250 Leute an, liegt die Conversion Rate bei 25 Prozent.

Du siehst, es kann schon an dieser Stelle erhebliche Abweichungen geben, was die Menge derer betrifft, die sich später im Webinarraum versammeln.

Nun haben wir die Conversion Rate für *Anmeldungen* auf dem Zettel. Diese Betrachtung gibt aber noch keinen Aufschluss über die Käufe.

Auch hier schauen wir noch einmal etwas tiefer: Gehen wir von 100 Anmeldungen aus und 20 Leute kaufen mein Produkt, dann bedeutet das, dass die Conversion Rate bei den Käufen 20 Prozent beträgt. Kauft von 100 Leuten nur einer, dann habe ich eine Conversion Rate von nur 1 Prozent erzielt.

Mit der Zeit pendelt sich die Quote ein. Wenn ich die Zahlen kenne, also sowohl die Anmelde- als auch die Abschluss- bzw. Kaufrate – Zahlen, die *Webinaris* übrigens stets aktualisiert zur Verfügung stellt –, dann kann ich mir ausrechnen, wie viel mich ein Besucher kosten darf, damit ich profitabel bleibe. Je mehr ein Besucher kostet, desto unprofitabler ist er, je weniger, desto profitabler.

Auch dazu noch einmal ein Beispiel: Wenn ich mein Produkt zu einem Verkaufspreis von 500 Euro abgebe, muss ich davon erst einmal meine gesamten Kosten abziehen, z.B. Provisionen für die jeweilige Plattform (falls es sich um ein digitales Produkt handelt), die Produktions- und Logistikkosten (bei einem physischen Produkt). Daraus ergibt sich dann der Gewinn, und ich kenne die Rohkosten. Also:

Verkaufspreis (netto)	€500,00
− Kosten (z. B. Digistore24: 7,9 %, Stand 3/2018)	€39,50
= Gewinn pro Verkauf	€460,50
× Kaufrate (z. B.)	20 %
Max. Kosten pro Teilnehmer	**€92,10**

Kommen wir zu einer zweiten Rechnung. Wenn ich weiß, dass ein Teilnehmer maximal 92,10 Euro kosten darf, und ich multipliziere das noch mit meiner Anmelderate in

Prozent, dann weiß ich, was genau mich ein Website-Besucher kosten darf. Auch hier noch einmal die entsprechende Übersicht:

Max. Kosten pro Teilnehmer	€92,10
× Anmelderate	50 %
Max. Kosten pro Besucher	**€46,05**

Was bedeutet das? Ganz einfach: Wenn ich pro Website-Besucher im Durchschnitt 46,05 Euro investieren würde, würde ich auf plus/minus null kommen.

Fassen wir hier also das Ganze noch einmal in einer einzigen Tabelle zusammen:

Was darf mich ein Teilnehmer kosten?	
Verkaufspreis (netto)	€500,00
– Kosten (z. B. Digistore24: 7,9 %, Stand 3/2018)	€39,50
= Gewinn pro Verkauf	€460,50
× Kaufrate (z. B.)	20 %
= Max. Kosten pro Teilnehmer	€92,10
× Anmelderate	50 %
Max. Kosten pro Besucher	**€46,05**

All diese Rechenbeispiele sollen Dir ein Grundverständnis vermitteln, wieso Webinarumsätze mit der Zeit genau planbar werden. Wenn sich Verkaufswert und Kaufrate verändert, verschiebt sich das Verhältnis – logisch:

Beispiel 2:	
Was darf mich ein Teilnehmer kosten?	
Verkaufspreis (netto)	€297,00
– Kosten (z. B. Digistore24: 7,9 %, Stand 3/2018)	€23,46
= Gewinn pro Verkauf	€273,54
× Kaufrate (z. B.)	8 %
= Max. Kosten pro Teilnehmer	€21,88
× Anmelderate	38 %
Max. Kosten pro Besucher	**€8,32**

Mit dem *Webinaris*-Dashboard bist Du immer auf der sicheren Seite. Du brauchst nicht selbst zu rechnen. Das System bringt Dich immer auf den neuesten Stand. Um das Dashboard mit den relevanten Daten zu füttern, kann man, wenn man z. B. mit Digistore24 arbeitet, den Tracking-Pixel einfach auf die Danke-Seite dieses Online-Shops setzen.

Das bedeutet: Jeder, der kauft, bekommt die Danke-Seite angezeigt, und daran erkennt *Webinaris,* wie viele Abschlüsse generiert werden. So lässt sich alles Nötige berechnen.

Genauso funktioniert das natürlich auch bei allen anderen Online-Shops. Sobald ein Kauf stattfindet, wird das automatisch an *Webinaris* übermittelt. Jeder Kauf ist soundso viel Euro wert, und auf dieser Grundlage rechnet *Webinaris* das auf alle vorliegenden Zahlen komplett herunter.

Du kannst sehen: Wie viel Prozent tragen sich in mein Webinar ein, wie viel Prozent nehmen dann auch tatsächlich teil, wie viel Prozent klicken auf mein Banner? Alles, was Du wissen musst, lässt sich auf Euro und Cent genau nachvollziehen.

Somit ergibt sich auch, wie viel ein Seitenaufruf und wie viel eine Registrierung wert ist.

Nun wird es richtig spannend. Denn das Ganze lässt sich skalieren, also hochrechnen. Wenn Du Deine Zahlen genau kennst, dann hast Du die Sicherheit, dass und vor allem, wie viel Du investieren kannst, um Traffic einzukaufen und dabei in der Gewinnzone zu bleiben. Damit behältst Du Dein Geschäft zu hundert Prozent in der Hand.

Weniger Ausgaben, mehr Einnahmen

Profi-Tipps: So vergoldest Du Deine Strukturen durch Optimierung

Die nachfolgenden Tipps sind für Webinar-Anbieter gedacht, die längst schon fest im Sattel sitzen und sich überlegen, wie sie Kosten reduzieren können. Ihnen möchte ich erklären, wie sie ohne zusätzlichen Traffic mehr Umsatz generieren. Du hast gesehen, dass es dazu viele Stellschrauben gibt, an denen sich drehen lässt.

Es wird jetzt etwas komplexer. Zunächst einmal betrachten wir die Landing-Page-Besucher, wir gehen hier beispielsweise von 100 aus.
Diese Besucherzahl multiplizieren wir mit der Anmelderate und erhalten die absolute Zahl der Webinar-Anmeldungen. Wenn wir von einer Conversion Rate, also Anmelderate, von 80 Prozent ausgehen, wären das bei 100 Prozent auf der Landing-Page 80 Webinar-Anmeldungen.
Naturgemäß gibt es grundsätzlich mehr Anmeldungen zu den Webinaren, als tatsächlich Teilnehmer im Webinarraum erscheinen. Das ist die Kennzahl der Teilnehmerquote.
Die Nichtteilnahme kann übrigens verschiedene Gründe haben. Da wir von einem Webinar mit unumstößlich festen

Terminen sprechen, kann dem einen oder anderen kurzfristig etwas dazwischenkommen, das Interesse flaut ab, manche vergessen es einfach. Kurz – es werden so gut wie niemals
100 Prozent der angemeldeten Teilnehmer auch wirklich im
Webinar anwesend sein.

Gehen wir in unserem Beispiel von einer Teilnehmerquote
von 60 Prozent aus, kommen wir absolut auf 48 Webinar-
teilnehmer, die auch wirklich mit dabei sind.

Wenn ich nun noch die Kaufrate kenne, ich z. B. weiß, dass
jeder zehnte Teilnehmer mein 500-Euro-Produkt kauft,
würden aus meinen 48 Webinarteilnehmern rechnerisch
4,8 Käufer werden. Und daraus ergeben sich 2400 Euro
Umsatz. Das ist die komplette Formel:

Formel	*Beispiel*
Landing-Page-Besucher	100
× Anmelderate	80 %
= Webinar-Anmeldungen	80
× Teilnehmerquote	60 %
= Webinar-Teilnehmer	48
× Kaufrate	10 %
	(bei €500,00)
= Umsatz	€2.400
	(4.8 Käufe)

Nun könnte ein Ziel sein, das Ganze um 10 Prozent zu optimieren.

Das sind Kleinigkeiten, die sich sofort umsetzen lassen. Wir könnten z. B. damit anfangen, dafür zu sorgen, dass 10 Prozent mehr Leute auf unsere Landing-Page gelangen.

Dafür bieten sich z. B. Social-Media-Aktivitäten an. Ganz einfach, indem man die Teilnehmer nach dem Webinar fragt, ob es ihnen Spaß gemacht hat, und ihnen in diesem Zusammenhang vorschlägt, das Webinar in den sozialen Medien zu teilen.

Oder man sendet an die bestehende Newsletter-Liste den Hinweis auf ein neues Webinar und macht auf ein Gewinnspiel aufmerksam mit einem Preis, den man unter allen Empfehlungsgebern verlost.

Die Idee dahinter ist, mit den Ressourcen zu arbeiten, statt ausschließlich teuren Traffic einzukaufen.

Wenn ich mit diesen Aktivitäten nun auf 110 Teilnehmer komme und auch die Anmelderate um 10 Prozent anhebe, also auf 88 Prozent, ergeben sich daraus rechnerisch absolut bereits 96,8 Anmeldungen. (Für eine bessere Anmelderate wäre der Pitch auf der Landing-Page zu verbessern: Optimierung von Farben, Headlines, generell Inhalten, konkretere Zeitangaben, bessere Bilder, und so weiter.)

Die Teilnehmerquote ließe sich optimieren, wenn zwischen der Anmeldung und dem tatsächlichen Webinartermin nicht viel Zeit vergeht. So ist schon mal sichergestellt, dass die Motivation des potenziellen Teilnehmers erhalten bleibt. Clever ist auch der, der gute Erinnerungs-Mails versendet.

Das bedeutet, nicht nur salopp eine einzige Anmeldebestätigung zu verschicken, sondern motivierend auf den Empfänger einzuwirken, ihm die Key-Facts mitzuteilen – die Inhalte knackig zusammenzufassen, um welches Thema es im Webinar gehen wird.

Und damit ist es noch nicht getan – weiter geht es mit Nachfass-Mails. Die Interessenten sollen ja wirklich teilnehmen. Deswegen werden wir ihnen in Aussicht stellen, was sie lernen werden, und die Vorteile anreißen, wie sie ihr Wissen nutzbringend anwenden können – wenn sie mit dabei sind. Mit dem Nachverkauf erhöhen wir das Bedürfnis, auch wirklich am Start zu sein.

Somit ist eine weitere Optimierung um 10 Prozent möglich. Wenn ich dieses Ergebnis mit hineinmultipliziere, komme ich auf 64 Webinar-Teilnehmer. Das wären bereits 16 Teilnehmer, also ein Drittel, mehr. Du siehst, wir haben hier eine richtige Hebelwirkung erzielt.

Lässt sich auch die Kaufrate optimieren? Ja, aber selbstverständlich.

Hier stellt sich zunächst die entscheidende Frage: Wann steigen die meisten Webinarteilnehmer wieder aus? Wenn Du z. B. siehst, dass das in der 50. Minute passiert, also kurz vor dem entscheidenden Ende, dann suchst Du nach einer anderen kommunikativen Lösung. Die Zielsetzung ist dann, das Webinar zum Schluss hin spannender und nachvollziehbarer zu gestalten, um bessere Abschlüsse zu erzielen.

Eine weitere Möglichkeit ist, Anreize einzubauen: »Wenn du dranbleibst, erhältst du am Ende XY.« Vielleicht kannst Du nach dem Webinar außerdem noch mal per Mail nachfassen: »Du hast bislang noch nicht gekauft, deswegen mache ich dir ein ganz besonderes Angebot.«

Auch Verknappung macht manchmal Sinn, nach dem Prinzip: »Die ersten fünf Besteller bekommen das Special YZ noch dazu.«

Im Netz finden sich unzählige Anregungen, wie sich die Kaufbotschaften optimieren lassen. Um es mit einer alten Weisheit auf den Punkt zu bringen: »Wer suchet, der findet.«

Wenn wir auch an dieser Stellschraube erfolgreich gedreht haben und die Kaufrate von 10 Prozent auf 11 Prozent anheben, dann verbessert sich unser Ergebnis noch einmal. Schauen wir uns nach der getanen Optimierungsarbeit nun in der Konsequenz den neuen Umsatz an: Wir kommen auf sage und schreibe 3500 Euro. Und haben uns um 1100 Euro verbessert, ohne dass wir mehr Geld in die Hand nehmen mussten.

Im Überblick sieht das so aus:

Formel	Beispiel	10% optimiert
Landing-Page-Besucher	100	110
× Anmelderate	80%	88%
= Webinar-Anmeldungen	80	96,8
× Teilnehmerquote	60%	66%
= Webinar-Teilnehmer	48	63,9
× Kaufrate	10%	11%
= Umsatz	(bei €500,00) €2400 (4,8 Käufe)	(bei €500,00) €3500 (7 Käufe)

Die Kunden auf *Webinaris* machen sehr unterschiedliche Erfahrungen mit der Kaufrate. Die einen verkaufen ihr Angebot an jeden dritten Webinarteilnehmer. Es gibt aber auch andere, die nur 20 oder 10 Prozent erreichen. Es kommt sowohl auf die Angebote an – aber natürlich auch erheblich auf die Performance des Webinars.

Brückenbau fürs Neugeschäft

Was genau ist Traffic und woher bekomme ich ihn?

Wenn das Thema Online-Marketing generell neu für Dich ist, dann lies Dir den nachfolgenden Part besonders aufmerksam durch.

Traffic bedeutet aus dem Englischen übersetzt »Verkehr« – gleichzeitig aber auch Datenmenge und Kundenandrang. Nicht nur Webinar-Anbieter, jeder Onliner benötigt einen gewissen Besucherstrom auf seiner Webpräsenz – ganz gleich ob es sich um eine Website handelt, um einen Online-Shop oder Blog, ein Forum oder eine Community.
Denn nur weil Du ein Online-Angebot im Netz platzierst, ist das noch lange kein Garant dafür, dass es gefunden und genutzt wird.

Das Ganze lässt sich mit folgendem Beispiel sicherlich noch besser nachvollziehen: Wenn Du in einer größeren Stadt in einer Seitenstraße ein Ladenlokal eröffnest und auf jegliche Aktivitäten verzichtest, die Interessenten in Deinen Laden locken könnten, dann wirst Du lange auf Umsätze warten.
Das Thema »Traffic« ist also offline und online gleichermaßen wichtig.

Aus Verständnisgründen bleiben wir kurz beim Vergleich Ladenlokal und Webinarraum. In beiden Locations, sowohl draußen in der Stadt als auch in den virtuellen Gefilden, wollen die jeweiligen Inhaber möglichst viele Besucher einfangen, um aus ihnen zahlende Kunden zu machen.

»Inhaber Ladenlokal« hat dazu beispielsweise die Möglichkeit, Werbung in Zeitungen oder Wochenblättern zu schalten oder Flyer zu verteilen bzw. verteilen zu lassen.

Am Rande bemerkt: Die Reichweite der Printmedien nimmt kontinuierlich ab. Zeitungen und Zeitschriften verlieren zunehmend Abonnenten, kostenlose Wochenblätter landen häufig direkt im Papierkorb. Die Werbewirkung im städtischen und ländlichen Raum lässt stark nach. Schade um Kosten, Zeit und Mühe: Die nicht selten aufwendig gestalteten und teuer bezahlten Werbeträger verlieren schon nach kurzer Zeit ihre Daseinsberechtigung.

Bei den Traffic-Möglichkeiten unterscheidet sich das Internet elementar von der Offline-Werbung. Im Web kommt einfach nichts weg. Vereinfacht ausgedrückt, ist jede Dateneinheit, die auf einen öffentlich zugänglichen Server hochgeladen wird, von jedem User einsehbar und von allen Orten der Welt ansteuerbar. Dauerhaft.

Kurz: Das Internet bietet unlimitierte Möglichkeiten, Interessenten aus allen Winkeln der Welt anzusprechen. Lädst Du Deinen Flyer im Netz hoch, wird er dort auch noch in fünfzig Jahren verfügbar sein (Ausnahmen bestätigen die Regel).

Es ist wesentlich, im Kern zu verstehen, wieso Minute für Minute, Stunde für Stunde, Tag für Tag und Jahr für Jahr immer wieder neue Webinar-Teilnehmer Dein Online-Angebot konsumieren – in unserem Fall Deinen Webinarraum betreten können. Dieser Besucherstrom reißt niemals ab, weil sich weltweit Milliarden Menschen im Netz bewegen.

Das bedeutet für Dich: Bau Deiner Zielgruppe Wege, Straßen und Brücken zu Deinem Angebot.

Könnte der Ladenlokal-Inhaber die Möglichkeiten aus dem Internet in die Stadt übertragen, dann würde er überall Hinweisschilder anbringen, die auf seinen Laden zeigen, er würde Bodenkleber platzieren und Bänder durch die ganze Stadt knüpfen. Er würde alles daransetzen, um Aufmerksamkeit zu erzeugen. Wenn er dürfte, wie er wollte.
Diese Hinweisschilder, Bodenkleber und Bänder heißen im Internet »Links«. Sie verweisen auf das konkrete Online-Angebot. Im Internet ist es möglich, nahezu unbegrenzt an

Bau Deiner Zielgruppe

Wege, Straßen
und Brücken

zu Deinem **Angebot.**

allen »Orten« auf das eigene Angebot zu verweisen. Teilweise hat der Anbieter dafür zu bezahlen, teilweise geht das sogar kostenfrei.

Allein durch diese Erkenntnis wird Dir, lieber Ladenbesitzer aus der Seitenstraße, klar, dass Du langfristig keine andere Möglichkeit hast, als Deine Offline-Aktivitäten – zumindest teilweise – ins Netz zu verlagern und Deine Werbeaktivitäten online zu flankieren.

Wir steigen noch ein wenig tiefer in die Materie ein. Stell Dir vor, Du bist Optiker und möchtest als Markenanbieter von Sonnenbrillen neue Kunden gewinnen.

Drüben im Reisebüro sitzt eine mürrische Frau. Du hattest ihr bereits eine Kooperation angeboten, doch sie hat abgelehnt. Es gibt seltsame Menschen. Offensichtlich fühlt sie sich Dir überlegen.

Egal. Du ziehst Deine Konsequenz, stellst Dich mit einem Papierfähnchen vor ihre Türe und sprichst jeden Besucher, der das Reisebüro betritt oder verlässt, darauf an, ob er nicht noch eine Sonnenbrille für seine Reise benötigt.

Abgesehen davon, dass das eine lustige Vorstellung ist, wird die Ladenbesitzerin wahrscheinlich die Gewerbeaufsicht informieren und Dich mittels Platzverweis aus ihrem Wirkungskreis entfernen lassen.

Im Internet relativiert sich das »Machtverhältnis«. Die Dame führt einen Reiseblog, um Kunden zu gewinnen. Und Du als Optiker, der viel in der Welt herumgekommen ist, kommentierst jeden Beitrag.

Da es sich für Blogger nicht schickt, Beiträge grundlos zu löschen, muss die Reisebüroinhaberin Deine Kommentare stehen lassen. Immerhin schreibst Du gut und erhältst viel positives Feedback.

Somit werden andere Kommentatoren auf Dein eigenes Blogprofil aufmerksam. Auf Deiner Profilseite erklärst Du, dass Du Optiker bist, tolle Empfehlungen für richtig coole Sonnenbrillen hast und zu Webinaren und Infoveranstaltungen einlädst. Und da ist sie – die Brücke zu Deinem Angebot. So leicht geht das.

Rückblickend wird das, was in der Stadt für Konfliktstoff gesorgt hätte, im Netz zur Selbstverständlichkeit. Diejenigen, die einordnen können, wo sich ihre Zielgruppe befindet, werden mit wertigem Content Wege, Straßen und Brücken zum eigenen Angebot bauen. Das muss nicht immer in Blogs und Foren geschehen. Dazu eignen sich auch Videoplattformen, soziale Netzwerke und Suchmaschinen.

Wen nicht unbedingt die Muse geküsst hat, oder, mit anderen Worten, wer sich schriftlich nicht allzu gut auszudrücken vermag oder keine Zeit dafür hat, kann auch einen leichteren Weg gehen: Bezahle Deinen Traffic.

Die Möglichkeit, Kundenströme bezahlt aufs eigene Angebot zu lenken, ist vergleichbar mit einer Mautstraße. Du nutzt die Infrastruktur des Suchmaschinen-Giganten oder des sozialen Netzwerks und bezahlst dafür, dass Deine Text- oder Videoanzeigen Menschen präsentiert werden, die in Dein Beuteschema passen. Je nach Angebot – ob Du eher die Nische oder den Mainstream bedienst – kann die Nutzung dieser »Mautstraßen« günstiger werden oder auch teurer.

Kurz: Mit Werbebudget kompensierst Du die Zeit, die Du sonst für den Brückenbau zu Deinem Angebot aufwenden müsstest.

In unserem Fall ist Dein Online-Angebot das Webinar. Wenn es Dir gelingt, Besucher mit hoher Frequenz auf die Landing-Page zu lenken, über die sich die Interessenten für Dein Webinar anmelden können, dann baust Du Dir damit perspektivisch finanziellen Wohlstand und persönliche Freiheiten auf. Das soll an dieser Stelle auch einfach mal so deutlich ausgesprochen werden.

Denn die Macht der Quote, die an einigen Stellen hier im Buch thematisiert wird, führt zwangsläufig zu Interessenten und dann in der nächsten Runde zu zahlenden Kunden.

Wer die Sache mit dem Traffic versteht, versteht auch, dass erfolglos nur diejenigen bleiben, die sich nicht an den Plan halten.

Lerne in Traffic zu denken

Überspitzt gesagt ist Traffic eine Lebenseinstellung. Wenn Du damit beginnst, Dich intensiv mit Deinem eigenen Umfeld auseinanderzusetzen, dann werden sich Dir Berührungspunkte mit potenziellen Kunden offenbaren, die Du vorher vielleicht noch nicht berücksichtigt hast.

Lass Deine Gedanken um einen ganz normalen Arbeitstag kreisen: Wenn Du morgens das erste Mal nach Deinem Handy greifst, um E-Mails zu checken, Whatsapp-Nachrichten oder News auf Facebook, dann hast Du damit schon drei Medien auf dem Schirm, die Du für eigene Zwecke verwenden könntest: E-Mail-Marketing, Gruppen-Chats und Facebook-Ads.

Beim Frühstück lauschst Du den witzigen Sprüchen der Radiomoderatoren, Du hörst gute Musik und natürlich dazwischen den einen oder anderen Werbespot.
Auch dort ließen sich Deine Angebote platzieren. Um Kosten zu sparen, vielleicht in Verbindung mit ein, zwei Kooperationspartnern?

Auf dem Weg zur Arbeit nimmst Du die Zeitung aus dem Postkasten oder holst Dir ein Exemplar am Kiosk. Auch hier entdeckst Du Werbeflächen, die Du selbst oder mit Partnern bespielen könntest. Du kommst an 18/1-Plakaten vorbei, an Litfaßsäulen und an Promo-Teams, die auf unterschiedliche Unternehmensangebote aufmerksam machen. Du passierst den Bahnhof. An Autos, Bussen und in und auf den Zügen – überall rauschen Markenbotschaften an Dir vorbei. Überall werden Tausende und Abertausende Empfänger erreicht.

Und genau diese Möglichkeiten begegnen Dir auch im Internet wieder: Text- und Videowerbung, Banner, Werbeinhalte jeglicher Art, Verlinkungen und so weiter.

Mach aus Deiner Jagd nach neuen Traffic-Möglichkeiten für Deine Webinare eine »Morning Routine«, eine tägliche Übung, bei der Du nach neuen Quellen suchst, die Du bespielen kannst. Schnapp Dir morgens eine Liste, brainstorme und schreib drei Möglichkeiten auf, wo genau Du Dein Angebot platzieren könntest. Schärfe Deine Sinne. Du gehst regelmäßig einkaufen? Dann gehört eine knackige Botschaft ans Schwarze Brett im Supermarkt.

Je weiter Du Dein Netz spannst, je mehr Menschen auf Dein Angebot aufmerksam werden, desto unabhängiger wirst

Erfolg
kommt von
»Folgen«.

Du von einzelnen Plattformen. Das Beispiel oben, von dem Optiker, der damit begann, sich auf einem Reiseblog zu profilieren, ist nur der Anfang. Du schaffst das genauso.

In Traffic zu denken, ist Denksport. Jeder kann das. Und jeder kann es zur Perfektion bringen. Je sinnvoller die Verknüpfungen sind – Reisen und Sonnenbrillen passen beispielsweise sehr gut zusammen –, desto höher ist die Wahrscheinlichkeit, die richtigen Leute zu erwischen.
Umgekehrt macht es allerdings wenig Sinn, etwa als Bestatter an der Fleischtheke zu werben – das wäre pietätlos. Auch so etwas solltest Du Dir bewusst machen.

Verteile den Traffic, der immer in die richtige Richtung zeigt, nämlich auf Dein Angebot, an den richtigen Stellen.
Es geht nicht darum, *eine* Quelle anzuzapfen, die Dir täglich hundert Webinar-Teilnehmer bringt, sondern idealerweise hast Du hundert Quellen, von denen Dir jede täglich einen Teilnehmer liefert.
Sich auf eine einzige, wenn auch noch so große Quelle zu verlassen, wäre zu kurzfristig gedacht, denn wenn sich diese Traffic-Quelle schließt, weil sich etwa die Bedingungen oder Umstände ändern, dann reißt der Besucherstrom mit einem Mal völlig ab. Daher ist die solide Verteilung auf viele Zubringer von Webinar-Teilnehmern der bessere Weg.

An dieser Stelle möchte ich Dir nicht verschweigen, dass es zuweilen auch anstrengend sein kann, zahlreiche Verbindungen aufzubauen, bis beispielsweise 500 Webinar-Teilnehmer pro Woche an Deinen automatisierten Veranstaltungen teilnehmen. Dieser Aufbau kostet Zeit und Energie. Wenn Du Dich richtig reinkniest, dann wird sich das für Dich aber lohnen. Dein Energieeinsatz ist der Schlüssel zu vielen neuen Kunden, zu mehr Umsatz und letztlich zu mehr Freiheit in Deinem Business.

Daher sollte jeder Webinar-Anbieter stets im Blick behalten: Immer hungrig bleiben und auf der Suche nach Optimierung – keine Stellschraube auslassen, um die Leistung des jeweiligen Webinars zu verbessern. Wenn die Zahlen stimmen, dann macht es Sinn, den Traffic zu erhöhen und die Landing-Page mit Besuchern zu fluten. Gute Zahlen sorgen für mehr Umsatz, und somit geht die Rechnung auf.

Anwendung und Branchen

Wer nutzt bereits automatisierte Webinare?

Immer wenn es um erklärungsbedürftige Produkte geht, die nicht selten auch sehr preisintensiv gehandelt werden, ist Vertrauen vonseiten der Kunden das wichtigste Kapital. Daher ist Vertrauensbildung und -aufbau durch den Anbieter die oberste Pflicht, wenn er erfolgreich verkaufen möchte. Vertrauen ergibt sich aus Kompetenz und Service. Und Kompetenz und Service lassen sich im Internet mit keinem anderen Medium besser präsentieren als in einem Webinar.

Die Menschen, die heute Webinare nutzen, sind zum großen Teil Infomarketer – das heißt Geschäftsleute, die konkret Produkte, Informationsprodukte oder Dienstleistungen übers Internet verkaufen. Sie beschäftigen sich mit den neuen Technologien und sind am Puls der Zeit. Sie wissen, was los ist.

Und an ihnen können und sollten sich auch andere Anbieter orientieren. Denn generell sind Webinare und automatisierte Webinare für jeden Unternehmer perfekt, der sich für das Thema Digitalisierung interessiert und der zeitliche Vorteile durch Optimierungsprozesse in Anspruch nehmen, der Kunden übers Internet gewinnen und begeistern möchte.

Auch wenn es »nur« ein klassischer Handwerksbetrieb ist, der im Moment »nur« über eine einfache Website verfügt. Mit Webinaren kann er deutlich leichter potenzielle Interessenten für sich gewinnen, weil sie, die Webinare, zum Sprachrohr seines Unternehmens werden.

Das gilt auch für große Handwerksbetriebe. Eine Weisheit aus der Wirtschaft lautet: »Die letzte Abteilung, die im Unternehmen geschlossen wird, ist die Vertriebsabteilung.« Ohne neue Kunden und immer wiederkehrende Aufträge kann ein Unternehmen nicht bestehen.
Das bedeutet, dass wiederkehrend die richtigen Botschaften ausgesendet werden müssen.

Streng genommen bedeutet das: Das Einzige, was Unternehmer und Unternehmen davon abhalten könnte, Webinarprodukte zu nutzen, kann nur das fehlende Wissen sein, dass es Webinare gibt, oder unzureichende Fähigkeiten, Webinare aufzubauen.

Beispiele

Auf dem Wochenmarkt haben wir oben den Finanzdienstleister kennengelernt. Mit kostenlosen Webinaren hat er ein Hilfsmittel in seiner Toolbox, um seine Kompetenz zu demonstrieren und Kunden beim Thema Geldanlage durch die nicht selten sehr komplexe Welt der Finanzprodukte zu führen. Mit seinen detaillierten und aufschlussreichen Ausführungen baut er bei Interessenten und künftigen Kunden Trust zu diesem Thema auf.

Unser Finanzdienstleister ist eloquent und hat seine Webinarreihe selbst aufgezeichnet. Wenn er terminlich unter Druck kommt, wäre er für Unterstützung sicherlich offen. Der Branche fehlt es an Vertrauen. Solche Problematiken kann der Berater zum Anlass nehmen, um sich zu profilieren. So ließen sich Themen wie die Fünf-Prozent-Renditelüge aufgreifen und erörtern.

Genauso gut eignen sich Webinare auch für Immobilienmakler – sie erklären ihren Kunden, wie sie in wenigen Schritten zur eigenen Immobilie kommen.

Denn in vielen Großstädten hat die Immobilienbranche ein erhebliches Problem. Die Preise steigen enorm an, und es ist eine Herausforderung, Immobilien zu kaufen, die man auch gewinnbringend wieder verkaufen kann.

Und was macht man dann? Genau. Im Internet suchen. Googeln. Der Immobilienbesitzer schaltet also seinen Rechner ein und recherchiert fleißig nach Möglichkeiten, um seine Immobilie lukrativ zu verkaufen. Der potenzielle Verkäufer landet bei einem Webinar. Und hier ergibt sich für Immobilienmakler nun die perfekte Chance, ihr Wissen zu teilen und dadurch Immobilien bei den potenziellen Anbietern einfacher einzukaufen.

Der Immobilienmakler erklärt in seinem Webinar ausführlich und eindrucksvoll, worauf der Verkaufslaie achten muss und welche Fallstricke auf ihn lauern.

Somit baut der Webinar-Anbieter aus seiner Kompetenz heraus Vertrauen auf. Der Webinar-Teilnehmer erkennt: »Dieser Mann scheint genug Ahnung vom Markt zu haben, und wenn einer das Beste für mich herausholen kann, dann sicherlich dieser kompetente Makler.« Daraus ergibt sich die Basis für ein vielversprechendes Geschäft auf beiden Seiten: Der Immobilienbesitzer schätzt das Know-how des Maklers. Der Makler erhält einen Auftrag und verkauft für den Besitzer dessen Immobilie – die klassische Win-win-Situation.

»Ich bin leider kein guter Verkäufer. Kann ich meine mangelnden Fähigkeiten durch automatisierte Webinare kompensieren?«

Kurz und knapp: Ja! Ich hatte früher einen Kampfsporttrainer. Am Anfang sagte ich zu ihm häufiger: »Du, Trainer, ich kann das nicht.« Und dann meinte er zu mir: »Dann lernst du es eben, Rainer.« Daraufhin erwiderte ich: »Es tut mir aber weh.« Und er sagte zu mir: »Lern mit dem Schmerz umzugehen.« Ich: »Kann ich aber nicht.« Er: »Mach einfach.« Ich:

»Ich will nicht.« Er: »Tu es einfach.« Als ich es zum tausends-
ten Mal gehört hatte, klappte es auch.

Aller Anfang ist schwer – unerheblich ob es ums Verkaufen oder den Start mit Webinaren geht. Wenn Du Unternehmer oder Selbstständige bist, Freiberuflerin oder Inhaber
eines Ladens, wenn Du gut sein, gut bleiben oder gut werden
willst, musst Du Dich anstrengen. Probier aus, denk Dich
rein, beschäftige Dich mit Deinem Business.

Die Fähigkeiten sind nicht alle gleich verteilt – und doch hat
jeder Mensch zumindest theoretisch die Möglichkeit, ans
Ziel zu kommen. Wenn jemand nicht die rhetorischen Fines-
sen mit der Muttermilch aufgenommen hat und kommuni-
kativ etwas dünnhäutig unterwegs ist, dann kann er sich
Dienstleister dazuholen, die seine Schwäche ausgleichen.
Möglicherweise gibt es im Team oder unter Kooperationspartnern Hilfe.

Besonders die automatisierten Webinare machen in diesem
Falle Sinn. Stellt sich nun die Frage nach den eigenen Fähigkeiten: Wenn ich mich nicht so recht traue, meine Stimme
in Filmen zum Einsatz zu bringen, dann schreibe ich einen
guten Text und suche mir einen Sprecher. Wenn ich nicht
schreiben kann, suche ich mir einen Texter. Und wenn ich
beides nicht hinbekomme, dann bringt ein Texter meine
Gedanken in Form und der Sprecher vertont sie.

Wo ein Wille, da ein Weg. Ob letztlich Studenten diese Jobs übernehmen oder professionelle Fachleute, entscheidet am Ende das Budget. Es sollte aber immer darum gehen, nach den Besten Ausschau zu halten und das beste Ergebnis anzupeilen.

Dazu habe ich noch ein Beispiel. Nehmen wir ein Autohaus – dort arbeiten zehn Verkäufer. Das Pareto-Prinzip besagt, dass immer die Mehrheit – 80 Prozent, in diesem Falle also acht Verkäufer – ein Minimum (20 Prozent) der Umsätze erwirtschaftet und umgekehrt. Es gibt demnach mit hoher Wahrscheinlichkeit zwei »Verkäufer-Perlen«, die »outstanding« sind und 80 Prozent des Gesamtumsatzes erwirtschaften. Das Pareto-Prinzip ist eine Verteilung, die empirisch, also wissenschaftlich bewiesen wurde.

Wenn nun also diese High-Performer Webinare produzieren, so kann es passieren, dass der wirtschaftliche Erfolg, der zunächst auf deren Aktivitäten im Autohaus basierte, Flügel bekommt, da das Know-how sich den Weg durchs Netz zu den Interessenten bahnt. Zu den Webinaren können auch die Verkäufer einladen, deren Performance an die der Topleute nicht heranreicht. Aber auch sie können durch die Webinare lernen und besser werden.

Gibt es auch erfolglose Webinar-Anbieter?

Ein Journalist fragte mich einst: »Herr von Massenbach, es klingt bei Ihnen, als würden automatisierte Webinare die Eier legende Wollmilchsau darstellen. Jetzt aber mal Hand aufs Herz, gibt es nicht auch Webinar-Anbieter, die keinen Erfolg haben?

Die Frage überraschte mich. Denn ich gehe davon aus, dass es Erfolglosigkeit in jedem Bereich gibt.

Meine Antwort fiel entsprechend aus: In jeder Branche der Welt gibt es Gewinner und Verlierer – na klar. Allein schon deswegen, weil die Fähigkeiten und Fertigkeiten ganz unterschiedlich verteilt sind. Hinzu kommt, dass jeder Mensch, egal, welche Dienstleistung er in Anspruch nimmt, eine bestimmte Erwartungshaltung und grobe oder sogar sehr klare Vorstellungen vom Nutzen des jeweiligen Angebots hat, ob das nun ein Webinar ist oder etwas gänzlich anderes. Wenn dann etwas entgegen der Erwartung nicht funktioniert, dann entsteht Unzufriedenheit – und in welcher Form sie zum Ausdruck kommt, liegt natürlich am jeweiligen Charakter und an der Ausprägung des Temperaments des Users.

Der Journalist fragte weiter: »Und wie kann sich das äußern?«

Ich erklärte ihm: Wir selbst haben beispielsweise einen der schnellsten Supports überhaupt. Unser Ziel war es immer, dem User so rasch wie möglich dabei zu helfen, sein Problem zu lösen. Aber ab und zu dauert die Lösung des Problems eine oder auch mal drei Stunden. Wenn die Kundenerwartung aber nun die ist, dass der Support innerhalb von fünfzehn Minuten das Problem behebt, was eine relativ hohe Erwartung ist, und diese Vorstellung wird nicht erfüllt, dann wird gemotzt.

Wie gesagt, das ist bei uns eher selten. Einfach deshalb, weil wir wirklich das nur Mögliche tun, um zu gewährleisten, dass alles reibungslos funktioniert. Aber wir sind ein Unternehmen, in dem Menschen arbeiten. Und kein Mensch ist fehlerfrei. So verhält es sich auch bei Webinar-Anbietern. Das Ergebnis korreliert sehr stark mit der Erwartungshaltung. Fähige Webinar-Anbieter erkennen eigene Schwachstellen und bessern nach. Sie werden im Laufe der Zeit erfolgreich. Andere kümmern sich nicht ums Feedback und erkennen nicht die Notwendigkeit der Optimierung. Sie bleiben in aller Regel erfolglos.

»Was unterscheidet Sie selbst von anderen Softwareanbietern?«, wollte der Journalist nun für seinen Fachtext wissen. Und ich führte weiter aus: Wenn einer unserer Kunden zu uns Kontakt aufnimmt, um sein Problem lösen zu lassen, dann kann er sich sicher sein, dass er nicht von einem Level-eins-Support eine Rückmeldung bekommt, bei dem schnell klar wird, derjenige am anderen Ende der virtuellen Leitung hat keine Ahnung. Denn diese Ärgernisse musste ich persönlich bei anderen Unternehmen häufiger in Kauf nehmen. Und das ist für mich inakzeptabel.

Es macht keinen Sinn, wenn schwach qualifizierte Mitarbeiter irgendwelche Tickets zusammenfischen und die Problemlösung Ewigkeiten dauert, weil ich meine Zeit einsetzen muss, um das Frage-Antwort-Spiel schlimmstenfalls über mehrere Tage zu spielen. Darauf habe ich keine Lust. Und das ist gleichzeitig auch der Antrieb und zugleich Anspruch des Unternehmens – es hier deutlich besser zu machen als die Wettbewerber: Komplizierte Supportwege und langwierige Prozesse gehören nicht mehr in die Gegenwart und schon gar nicht in die Zukunft.

Was sind die Vorteile von Webinaren, und gibt es Nachteile?

Ein für alle Male

Idee und gleichzeitig Lösung zeitlicher Engpässe: Du produzierst das perfekte Webinar für Verkauf und Vertrieb – Du bereitest es in aller Ruhe vor, gibst Dir richtig viel Mühe, probst das perfekte Verkaufsgespräch, erstellst die perfekten

Präsentationsfolien, sodass hier alle Regeln der Verkaufs-
kunst einfließen. Und zeichnest dies dann für die beste
(eigene) Verkaufsshow aller Zeiten auf.

Verkaufen und beraten

Das Webinar, eventuell sogar gesprochen von einem professionellen Sprecher, arbeitet ab diesem Moment rund um die
Uhr für Deinen unternehmerischen Erfolg. Stets behält es
das einmal geschaffene hohe Niveau bei – ohne Qualitäts-
schwankung und Krankheitsausfall.

Kosten und Gewinnaussichten

Bis auf die Gebühren für die Plattform fallen keine weiteren Kosten an. Je nach Bedarf und Struktur sind grundsätzlich betrachtet für das Webinar also keine Verkäufer
oder Vertriebler notwendig. Ob Dein Webinar nun einmal
pro Monat, einmal wöchentlich, einmal täglich oder mehrfach am Tag ausgestrahlt wird, entscheidest ganz allein Du –
die Anzahl der Ausstrahlungen hat keine Auswirkungen auf
Deinen Zeitaufwand als Webinaranbieter.
Man benötigt nicht viel Fantasie, um abzusehen, welche Möglichkeiten damit einhergehen. Stell Dir vor, welche Umsatzchancen sich daraus ergeben.

Einschränkungen/Nachteil

Ich möchte Dir aber auch keine falschen Versprechungen machen.

Aus eigener Erfahrung weiß ich, dass es den wenigsten gelingt, gleich im ersten Wurf das perfekte Webinar zu kreieren. Als Nachteil, oder sagen wir besser, als Einschränkung, sehe ich daher den Fakt an, dass der Webinar-Anbieter nicht drumherum kommt, hier Geduld zu beweisen. Es bedarf einiger Übung, um prinzipiell das System »Webinar« zu verstehen und praktisch umzusetzen.

Diejenigen, die diese Geduld haben, verstehen, welche Möglichkeiten auf sie warten, wenn ihre Bemühungen Früchte tragen. Sie lassen sich von den Anforderungen, die diese Situation nun mal an sie stellt, nicht einschüchtern, sondern nehmen die Herausforderung gern an.

E-Mail-Marketing:
Interessentenzubringer und Garant für gute Geschäfte

Kommen wir zu einem ganz wesentlichen Punkt – der sehr häufig sträflich vernachlässigt wird und doch über den Erfolg oder Misserfolg Deines Webinars entscheidet: das dazugehörige E-Mail-Marketing.

Wenn ich von E-Mail-Marketing spreche, dann meine ich damit mehr als die bloße Aussendung von Anmeldedaten. Es geht um die automatisierte Interessenten- und

Kundenbetreuung. Versetz Dich mal in die Lage des Interessenten. Er ist z. B. durch eine Anzeige in einem der sozialen Netzwerke auf Dich aufmerksam geworden. Deine Botschaft hat ihn berührt, und er meldet sich zu einem Webinar bei Dir an. Wenn er seine Anmeldedaten zum Webinar als E-Mail erhält und das war es, dann war es das.

Wer die Kommunikation mit den Interessenten nicht aufrechterhält, weil er sie unterschätzt, darf sich nicht wundern, wenn am Ende die Teilnehmerquote bis ins Bodenlose sinkt. Vielleicht dümpelt sie noch bei 20 Prozent vor sich hin.

Wenn das der Fall ist, musst Du tief ins Portemonnaie greifen und viel Traffic einkaufen, um die Besucherquote zu erfüllen. Jeder Teilnehmer weniger schmälert Deinen Gewinn.

Bitte sieh mir meinen mahnenden Ton nach. Aber das ist extrem wichtig und nicht zu vernachlässigen. Bedenk, dass das Webinar zwar aus Deiner Sicht eine wesentliche Angelegenheit ist, aus der Sicht des möglichen Teilnehmers jedoch eine Veranstaltung von vielen, die im Trubel des Alltags unterzugehen droht.

Anmeldungen zu einem Webinar sind kein Garant für eine Teilnahme. Deswegen bau eine solide Verbindung auf. Tritt in Erscheinung, indem Du Dich gezielt und getaktet in Erinnerung bringst. Beim E-Mail-Marketing ist es wie beim Webinar. Einmal erstellte Inhalte verlassen den Mailserver automatisiert – ohne Dein Dazutun. Deswegen leg Dich noch einmal richtig ins Zeug und setz alles daran, die Motivation des potenziellen Teilnehmers aufrechtzuerhalten.

Mit dem richtigen E-Mail-Marketing – jetzt halte Dich fest – kann man Teilnehmerquoten von 80, sogar 90 Prozent bewirken. Dieser Faktor entscheidet also ganz wesentlich über den Erfolg oder Nichterfolg Deines Webinars.

Los geht es mit den Erinnerungsmails zum Webinar. Sie zeichnen sich dadurch aus, dass sie nicht nur an den Termin erinnern, sondern auch schon mal etwas vorgreifen – neugierig machen und Spannung aufbauen. Feuer frei für eine kreative, frische, junge und unkonventionelle Ansprache!

Ein guter Rhythmus für diese Erinnerungsmails liegt bei 48 Stunden vor dem Webinar, 24 Stunden vor dem Webinar, 60 Minuten und dann 10 Minuten vorher. Und schließlich noch mal eine Erinnerungsmail direkt zum Webinarbeginn.

Die unterschiedlichen Mails transportieren auch unterschiedliche Botschaften. Mehrmals die gleiche Mail zu versenden bewirkt dagegen einen negativen Effekt. Der Empfänger würde sich zu Recht die Frage stellen: Hat der Referent nicht mehr zu bieten? Worst case bliebe er dem Webinar fern.

Verkauf Dein Thema und verkauf Dich. Schwafle nicht, überzeuge. Langweile nicht, amüsiere und unterhalte. Das beginnt schon mit einer spannenden Betreffzeile. Das Webinar ist eine Schulungsveranstaltung, kein Begräbnis. Zumindest dann nicht, wenn Du nicht gerade Bestatter bist. In diesem Falle dürfte es auch mal schwarzer Humor sein: »Bei uns liegen Sie richtig – Webinar mit dem Bestatter Ihres Vertrauens.«

Stell klar den Nutzen für die Teilnehmer heraus: Warum ist es so wichtig und wertvoll, mit dabei zu sein?
Präsentiere Deine Agenda. Lass die Themen aufblitzen, ohne vorzeitig einzusteigen. Mach hungrig auf Tipps, Geheimnisse, unbekannte Zusammenhänge und Lösungen, auf die sich die Teilnehmer freuen können. Vielleicht präsentierst Du auch ein Fallbeispiel: Erörtere in einer Appetizer-Mail, wie Du anderen Menschen zum Erfolg verholfen hast.

Verkauf Dein Webinar mehrmals nach, auch wenn Du glaubst, dass es Deiner Natur widerspricht, anderen auf den Geist zu gehen. Deine Info-Mails unterliegen einem extrem

144

starken Wettbewerb. Und es muss Dein Ziel sein, zu Deinem Interessenten durchzukommen. Je mehr Empfänger Du erreichst – im doppelten Sinne –, desto höher fällt die Quote Deiner Teilnehmer aus. Und dementsprechend steigt damit Deine Aussicht auf Umsatz.

Dein Ziel ist es, den Webinar-Termin im Kopf der Empfänger Deiner Mails zum wichtigsten Termin in den nächsten Tagen zu machen. Zielsetzung und Realität werden auseinanderklaffen. Aber zumindest sollte Dein Mindset darauf eingestellt werden. So findest Du die richtigen Worte.

Tja, und dann kommt der große Tag. Die Webinar-Teilnehmer finden sich im Webinarraum ein, während Du ein Nickerchen auf der Hängematte machen kannst, weil das Publikum Deinen aufgezeichneten Worten lauscht. Du musst Dich nicht bewegen – sie aber schon. Deswegen hast Du auch schon Nachfass-Mails vorbereitet und getimt. Sie rauschen nach Plan vom Mailserver – mit unterschiedlichen Zielen.

Die einen erreichen alle *Nicht*teilnehmer – jene Personen, die sich zum Webinar zwar angemeldet haben, aber nicht zum Termin erschienen sind. Das muss nicht unbedingt auf mangelndes Interesse hindeuten, sondern kann auch vom eng getakteten Terminkalender verursacht worden sein:

kurzfristig ein Termin bei einem Kunden, unerwarteter Besuch, Aufenthalt im Krankenhaus und vieles andere mehr.

Diese Interessenten haben eine zweite Chance verdient. Versende eine Mitteilung für einen Ausweichtermin. Mit dem Nachverkauf holst Du diejenigen an Bord zurück, die Du sonst verlieren würdest. Verweise auf positives Feedback, eine hohe Teilnehmerzahl, die große Begeisterung der anderen Teilnehmer. Lad den Interessenten ein, sich selbst ein Bild von den Vorteilen zu machen und persönlich am Webinar teilzunehmen.

Natürlich wirst Du nicht jeden erreichen – eine erneute Anmeldequote von 20 bis 40 Prozent der bisherigen Nichtteilnehmer ist realistisch. Und gut fürs Geschäft. Wenig sinnvoll, diese Umsatzchance ungenutzt zu lassen.

Die zweite Form der Nachfass-Mails zielt auf die Webinar-Teilnehmer, die nicht gekauft oder nicht in der von Dir gewünschten Form reagiert haben. Verkauf Dein Webinar und Dein Produkt nach. Stell nochmals die wesentlichen Vorteile und den Nutzen bei Verwendung heraus. Und verweise auf die begrenzte Verfügbarkeit und den unschlagbaren Vorteilspreis. Deute an, dass nur noch wenige Personen das Angebot in Anspruch nehmen können, und unterstreich in Deinen Ausführungen die Begeisterung und das Feedback, das Dir andere Käufer entgegengebracht haben. Preis Dein Produkt an und weck die Begehrlichkeit.

Eine solche »Nachverkaufs-Mail« kann der Erfahrung nach die Verkäufe noch einmal um 10 Prozent steigern – in besonders günstig gelagerten Fällen sogar um bis zu 30 Prozent. Viele Menschen brauchen bei ihren Kaufentscheidungen Zeit – wenn sie nicht gerade zu den Impulskäufern gehören. Sie freuen sich über die Bestätigung dieser Nachfass-Mail und benötigen einen letzten Impuls, um den Kauf tatsächlich zu tätigen.

Wenn Du diese Tipps beherzigst und umsetzt, dann betreibst Du nicht nur ein in sich schlüssiges E-Mail-Marketing zu Deinem Webinar. Du kannst damit echte Hebelwirkung erzielen. Und das ist auch gut so. Du brauchst Hebel, um Deine Ziele zu erreichen.

Die gesamte Kommunikation lässt sich auf *Webinaris* managen. Du hast nichts anderes zu tun, als in Deiner Hängematte auf Aufträge zu warten. Wenn Du möchtest.

Webinar-Supporter – Verkaufsdigitalisierung fördert neue Berufe und Jobs

Vielleicht noch eine wesentliche Anmerkung: In diesen Tagen liest und hört man zur Genüge, dass die Digitalisierung Arbeitsplätze vernichtet. Ich vertrete die Auffassung, dass sie umgekehrt Arbeitsplätze schafft. Der Betreuungsaufwand, um ein Webinar in die Startlöcher zu bringen, ist nicht unerheblich. Ein Film muss produziert werden, dazu Drehbücher und Mail-Texte verfasst, das Webinar will verbreitet werden.

Das alles sind Schnittstellen, an denen auch externe Dienstleister mitarbeiten können. Ich halte das Jobprofil »Webinar-Supporter« nicht für abwegig. Ein Kommunikationsberuf, in dem Informationen aufbereitet und zur Verfügung gestellt werden.

Meine These ist, dass die Jobs, die durch die Digitalisierung entfallen, auf einem neuen, höheren Level wieder angesiedelt werden (können). Innovationen bringen immer auch neue Bedürfnisse hervor. Und mit neuen Anforderungen gehen neue Angebote einher.

Sicherlich müsste am Jobprofil »Webinar-Supporter« noch gefeilt werden. Das fängt schon mit einem besseren Namen an – ich bin ja Plattformbetreiber, keine Naming-Agentur. Aber im Prinzip wird wohl klar, worauf ich hinausmöchte.

So wie SEO-Agenturen ihre Kunden dabei unterstützen, in den Suchmaschinen besser gefunden zu werden, könnte der Webinar-Supporter sich darum kümmern, Inhalte nach Kundenbedürfnissen aufzubereiten, Texte zu schreiben oder schreiben zu lassen, sie zu vertonen oder vertonen zu lassen und somit automatisierte Webinare so salonfähig werden zu lassen, dass sie mit Websites und Newslettern in einem Atemzug genannt werden. Die Argumente sprechen für diese Kommunikationsform – der Markt ist noch verhältnismäßig groß.

Auch klassische Werbeagenturen können von der Entwicklung profitieren, wenn sie davon ablassen, Ressourcen zu verschwenden, indem sie tonnenweise Papier bedrucken, das den Namen Flyer auch verdient – denn es fliegt, und zwar nicht selten in hohem Bogen und mit zu hoher Quote in den Mülleimer. Leider.
Ich möchte meinen scharfen Ton hier noch etwas beibehalten. Denn die klassischen Werbeagenturen haben es sich in ihrer Komfortzone über viele Jahrzehnte bequem gemacht. So wie mein Kampfsportlehrer mich trainierte und mir dabei half, über mich hinauszuwachsen, möchte ich meine Erfahrungen an diejenigen weitergeben, von denen ich annehme, dass sie es gut gebrauchen können – sofern sie interessiert sind, sich neu auszurichten.

Millionenfache Umsätze durch Webinare

Mit dem Wissen, das während der Webinare durch Tausende Köpfe rauscht, wird das Potenzial belebt, das ins Kundenportfolio des jeweiligen Anbieters passt. Immer geht es um Individualität, Persönlichkeit und Alleinstellungsmerkmale. Am Ende heißt es nur noch: Für mehr Informationen buchen Sie Ihr persönliches Beratungsgespräch. Somit erreicht man nur die Kunden, die wirklich interessiert sind, und spart unnötige Kontakte zu Zeiträubern.

Das Konzept geht auf. Die *Webinaris*-Plattform verhalf ihren Kunden bereits zu Umsätzen in mehrstelliger Millionenhöhe.

Schauen wir nun noch einmal dem eingangs erwähnten Zeiträuber-Pärchen über die Schulter.

Die Eltern des Pärchens sind in die Jahre gekommen. Schon im Vorfeld wollen sich die beiden über die Abläufe im Sterbefall informieren, um vorzusorgen und im Ernstfall die richtigen Entscheidungen zu treffen.

Also suchen sie ein Bestattungsunternehmen in der Nähe auf und werden dort beim Betreten von einem freundlichen jungen Mann begrüßt: »Guten Tag, wie kann ich Ihnen helfen?«

Das Pärchen erklärt die Situation, und der Bestattungsunternehmer lobt die progressive Einstellung. Er fährt fort: »Gern erkläre ich Ihnen die Vor- und Nachteile aller gängigen Bestattungsarten – Erd-, Feuer- und Wasserbestattung. Ich bereite Sie optimal auf den Fall der Fälle vor und stehe Ihnen mit meinem Wissen regelmäßig zur Verfügung. Gerne auch mehrfach.

Das Pärchen schaut sich verwundert an, und der Bestatter überreicht den beiden eine dezent gehaltene Einladungskarte mit einem Link zu einer Website und einem dazugehörigen Code. »Das Vorsorge-Webinar habe ich extra für Menschen wie Sie produziert. Für solche, die vorher wissen wollen, was passiert, damit später keine Fragen offenbleiben. Wenn ein lieber Mensch geht, lässt er eine große Lücke: Es benötigt viel Kraft, mit der Situation umzugehen. Da sind Formalitäten eher ein lästiges Übel – und hier kann man vorsorgen. Wenn Sie nach dem Webinar noch Fragen haben, melden Sie sich jederzeit. Gerne mache ich Ihnen dann ein Angebot.«

Das Pärchen ist überrascht, bedankt sich für den Service und verlässt nach fünf Minuten zufrieden das Bestattungshaus.

Webinaris macht den Unterschied

Als Anbieter von automatisierten Webinaren hat *Webinaris* von Anfang an auf das Thema Vertrieb und Marketing gesetzt. Inhalte vermitteln macht nur dann Spaß, wenn auch Publikum zugegen ist.

Webinaris erhielt schon früh den Beinamen »Automatisierte Kundengewinnungsmaschine«.

Webinaris ist extrem angetrieben von dem Gedanken, die Welt besser zu machen. In den Zeiten von Überarbeitung, Dauerbelastung, Stress, Burnout und Depression wird hier ein Vehikel angeboten, das mit verhältnismäßig wenig Aufwand und großer Nachhaltigkeit bewirkt, wofür sich andere im sogenannten Hamsterrad jeden Tag die Hacken wund laufen. Wem soll das etwas bringen? Den Workaholics, um sich damit bei Freunden und Familien zu profilieren? Wohl kaum.

Die Krankenkassen und Pflegeverbände schlagen Alarm, weil die Volkskrankheit Depression mit ihrem Vorboten Burn-out einen trüben Schleier über das Land zieht. Und wieso das Ganze? Weil es von den einzelnen Teilnehmern des Marktes zugelassen wird. Von den Selbstständigen und Freiberuflern, von Unternehmern und Angestellten. Und wieso? Weil es schwerfällt, sich vom Bild der Leistungsgesellschaft zu verabschieden.

Willkommen in der Wissensgesellschaft. Willkommen in der digitalen Welt. Wir müssen nicht mehr tausend Schritte laufen, um 500 Meter Weg zurückzulegen. Im übertragenen

Sinne erreicht man das Ziel manchmal und immer häufiger mit einem Knopfdruck.

Das alles sind Erkenntnisse, die *Webinaris* im Laufe seiner jungen Existenz erworben hat und die dazu führen, die Anforderungen in konkrete Softwareverbesserung umzusetzen. Und nebenbei leisten wir Aufklärung, um diejenigen zu unterstützen, die offen für Verbesserung sind – und denen bislang dass Wissen fehlte, sich das Leben leichter zu machen.

Für alle, die mit *Webinaris* in Kontakt kommen wollen, ist *Webinaris* konkret erhältlich unter Webinaris.com. Website-Besucher treffen dort auf eine Plattform, die flexibel genug ist, um sich an immer neue Kundenbedürfnisse anzupassen. Unsere Kunden wachsen mit uns und wir mit ihnen. Wir setzen alles daran, immer den besten Service anzubieten. Wir halten stets Ausschau nach den hellsten Köpfen und sind immer offen für Anregungen und Ideen, um unser Produkt noch besser zu machen, sodass möglichst kein Wunsch offenbleibt.

Schlusswort

Warum kommt man heutzutage nicht mehr an Webinaren vorbei?

Weil ein Webinar, ähnlich wie der ältere Bruder Seminar, die einzige Plattform ist, auf der Menschen einem heute noch in großer Zahl intensiv zuhören.

Während über die sozialen Medien Nachrichten im Zehntelsekundentakt in die Timeline geschossen werden, es an allen Ecken piept und vibriert, sendet und empfängt, kommt mit Webinaren ein unaufgeregtes, aber massives Werkzeug zum Zug.

Und das ist auch wichtig. Wer heutzutage den Weg ins Herz eines potenziellen Käufers finden möchte, gerade wenn es um hochpreisige Angebote geht, hat mit dem Stress der sozialen Netzwerke nur bedingt gute Aussichten auf Erfolg. Der Weg ins Herz eines Kunden bedeutet eine lange Reise, die erschwert wird durch Überangebot, Wettbewerb und zeitversetzte Kommunikation, dazu von Ungeduld und Rastlosigkeit und einer im Sinkflug begriffenen Loyalität den Marken und Unternehmen gegenüber.

Wer es aber schafft, dass ihm Leute über einen längeren Zeitraum intensiv zuhören, ihm ihr Ohr schenken, für den ergibt sich die Möglichkeit, gute Geschäfte abzuschließen. Dazu benötigt es Reichweite.

Und hier sehe ich eben automatisierte Webinare als Werkzeug Nummer eins, um sich persönlich überflüssig machen zu können und dabei gleichzeitig besten Content auf den Weg zu bringen, in nie zuvor da gewesener (Sende-)Qualität.

Ich persönlich bin immer froh, wenn ich auf Dinge aufmerksam gemacht werde, die mir das Leben erleichtern. Ich schöpfe meine Informationen aus meinem Umfeld, von Freunden und Kollegen, ich recherchiere aber auch sehr intensiv im Internet, lese Bücher und höre Hörbücher.

Als ich mich umsah, um herauszufinden, ob es einen umfassenden Leitfaden zum Thema Digitalisierung und Verkauf, kurz zur Verkaufsdigitalisierung gibt, wurde mir schnell klar, dass zu diesem Thema bisher wenig geschrieben wurde. Deshalb entschied ich mich dazu, mein Wissen aus erster Hand weiterzugeben, um diejenigen zu unterstützen, die die Unterstützung in diesen Tagen gut gebrauchen können.

Die Regeln ändern sich von Tag zu Tag. Was gestern noch gut funktionierte, ist morgen schon überholt. Manchmal sogar schon heute. Und ich spreche hier noch nicht mal nur von Start-ups, von Gründern, kleinen Unternehmen und

Automatisierte Webinare helfen **Unternehmens- lenkern, Verkäufern** und **Entscheidern** dabei, sich aufs **Kerngeschäft** zu konzentrieren.

Einzelkämpfern. Nein, ich spreche auch und vor allem über den Mittelstand, weil ich erkenne, dass die Unternehmen, die lange als etabliert galten, die fest im Sattel saßen, nun sehr schnell umdenken müssen, damit ihnen ihre Chancen nicht davongalopieren, während sich die Wellen der Digitalisierung über ihren Köpfen brechen.

Die Unternehmenswelt hierzulande tut sich im Moment noch etwas schwer damit, sich in adäquater Geschwindigkeit an die Veränderungen anzupassen, die ihr abverlangt werden.
Am Beispiel von automatisierten Webinaren möchte ich hier verdeutlichen, mit welchen Werkzeugen sich jede Sales-Abteilung Freiräume erkämpfen kann – zeitliche und finanzielle. Automatisierte Webinare zu nutzen erfordert einerseits eine Prise Kreativität, den Drang und das Verständnis, verkäuferisches Wissen zu vermitteln, und darüber hinaus Freude am Austausch. Andererseits helfen sie Unternehmenslenkern, Verkäufern und Entscheidern dabei, sich aufs Kerngeschäft zu konzentrieren.

Wer mit einem Minimum an technischem Verständnis aufwarten kann – und, falls noch nicht vorhanden, bereit dazu ist, zu lernen –, ist bestens gerüstet, um den Weg in die Zukunft zu beschreiten.

Dafür wünsche ich Dir, lieber Leser, liebe Leserin, viel Erfolg, Geduld und natürlich jede Menge Spaß bei der Umsetzung des Gelernten. Ich bedanke mich bei Dir für Dein Interesse an meinen Gedanken zu diesem Thema.

Natürlich bedanke ich mich auch bei meiner Familie für die Unterstützung und für die gemeinsame Qualitäts-Zeit, die uns durch automatisierte Webinare zur Verfügung steht.

Dein Rainer von Massenbach

Die automatisierte
VERKAUFSMASCHINE.

webinaris.com